Maha M. Elsawy

Barwniki naturalne

Maha M. Elsawy

Barwniki naturalne

ScienciaScripts

Imprint
Any brand names and product names mentioned in this book are subject to trademark, brand or patent protection and are trademarks or registered trademarks of their respective holders. The use of brand names, product names, common names, trade names, product descriptions etc. even without a particular marking in this work is in no way to be construed to mean that such names may be regarded as unrestricted in respect of trademark and brand protection legislation and could thus be used by anyone.

Cover image: www.ingimage.com

This book is a translation from the original published under ISBN 978-620-3-47093-2.

Publisher:
Sciencia Scripts
is a trademark of
Dodo Books Indian Ocean Ltd. and OmniScriptum S.R.L publishing group

120 High Road, East Finchley, London, N2 9ED, United Kingdom
Str. Armeneasca 28/1, office 1, Chisinau MD-2012, Republic of Moldova, Europe
Managing Directors: Ieva Konstantinova, Victoria Ursu
info@omniscriptum.com

Printed at: see last page
ISBN: 978-620-3-53384-2

Barwniki naturalne

Maha M. Elsawy

Asystent. Prof. Stosowana chemia organiczna

Departament Chemii, Wydział Nauki (Dziewczęta), Uniwersytet Al-Azhar, Kair, Egipt.

Historia, Metody ekstrakcji, Mordanty i ich zastosowanie, Przygotowanie włókien do barwienia, Wykaz substancji barwiących, kolor, źródła i zastosowanie & Zastosowanie substancji barwiących

Spis treści

Historia barwników naturalnych

Istnieją dwa rodzaje barwników: naturalne i syntetyczne. Barwniki naturalne pochodzą ze źródeł zwierzęcych lub roślinnych, natomiast barwniki syntetyczne są wytwarzane przez człowieka. Do 1856 roku, jeśli próbowałeś farbować ubrania, musiałeś używać barwników naturalnych. Niektóre z najbardziej powszechnych barwników naturalnych to purpura tyryjska, czerwień koszenilowa, czerwień madery i błękit indygo.

Purpura tyryjska była jednym z najważniejszych naturalnych barwników, jakie kiedykolwiek odkryto. Jak głosi legenda, pies owczarek należący do Herkulesa spacerował po plaży w Tyrze. Wgryzł się w małego mięczaka, który nadał jego pyskowi kolor zakrzepłej krwi. Kolor ten stał się znany jako purpura królewska lub tyryjska. Przyniosła ona wielki dobrobyt Tyrowi, Libanowi około 1500 r. p.n.e. i przez wieki była najdroższym barwnikiem zwierzęcym, jaki można było kupić za pieniądze. Był to kolor wysokich osiągnięć, ostentacyjnego bogactwa, symbolizował suwerenność i najwyższe urzędy w systemie prawnym. Fioletowy był kolorem barki Kleopatry, a Juliusz Cezar zadekretował, że kolor ten może być noszony tylko przez cesarza i jego domowników.

Koszenila jest kolejnym przykładem naturalnego barwnika pochodzenia zwierzęcego. Koszenila to karmazynowy barwnik wytwarzany z owadów kaktusa.

Został on wprowadzony do Europy z Meksyku przez Hiszpanów. Była używana jako barwnik do tkanin, pigment dla artystów, a znacznie później jako barwnik spożywczy. Wymagało to również ogromnych zbiorów sezonowych, ponieważ z jednej uncji barwnika można uzyskać 17 000 wysuszonych owadów.

Z drugiej strony, barwniki roślinne są generalnie tańsze i bardziej dostępne. Najpopularniejsze z nich to czerwony madder i niebieski indygo. Madder pochodzi z korzeni 35 gatunków roślin występujących w Europie i Azji. Znaleziono go nawet w tkaninach mumii i był pierwszym barwnikiem stosowanym jako kamuflaż.

Indygo było używane głównie jako barwnik i pigment. Otrzymywano je z rośliny podobnej do krzewu, którą moczono w wodzie, a następnie ubijano bambusem, aby przyspieszyć utlenianie. Podczas tego procesu płyn zmienia kolor z zielonego na ciemnoniebieski. Następnie jest podgrzewany, filtrowany i formowany w pastę. Chociaż ta forma indygo jest nadal w użyciu, istnieje syntetyczna wersja, która jest używana dzisiaj głównie do barwienia niebieskich dżinsów.

Istnieją inne barwniki roślinne i zwierzęce, ale ich zakres kolorów jest wąski i dają odcienie, które mają niewielką wartość kolorystyczną. Pozostają więc najlepsze barwniki naturalne: purpura tyryjska, czerwień koszenilowa, czerwień madery i błękit indygo. Jeśli jesteś zainteresowany dowiedzeniem się więcej o naturalnych barwnikach, skontaktuj się z nami już dziś.

METODY EKSTRAKCJI BARWNIKÓW

Badania doświadczalne przeprowadzono w ogrodach przydomowych we współpracy z botanikami, skupiając się głównie na ustaleniu najlepszych warunków dla wzrostu roślin barwnikowych w odniesieniu do czynników glebowych i klimatycznych. Dostosowano nowoczesny system uprawy do uzyskania maksymalnych plonów barwnika, w tym optymalny termin siewu i zbioru, optymalne zabiegi nawożenia. Nadające się do wykorzystania części roślin poddawano określonym procesom odwadniania lub pozyskiwano barwnik zgodnie z przyjętą strategią.

Metoda tradycyjna

Tradycyjna metoda stosowana do ekstrakcji barwników z wszystkich innych roślin wymienionych wcześniej, gdzie materiał roślinny dodaje się bezpośrednio do kąpieli barwiącej. Metoda ta była stosowana przez farbiarzy od wieków i nadal jest używana przez wielu farbiarzy w północno-wschodnich stanach Indii.

Wadami tej metody są:

-materiał roślinny musi być oddzielony od materiału tekstylnego -nie ma zastosowania w nowoczesnych maszynach do produkcji tkanin (pompy i spineretki będą się dławić) -twardy materiał roślinny, taki jak korzenie madery lub korzenie Cassia, amla są trudne do wyekstrahowania -niska gęstość suszonego materiału wymaga dużej objętości przetwarzania -wada musi być rozwiązana do stosowania przez nowoczesne młyny. Do zastosowań przemysłowych najlepszą metodą jest dostarczanie ekstraktów. Wodne ekstrakty nie są szczególnie korzystne dla roślin barwiących, takich jak Parkia, Alkanet i Tulsi, gdzie użyliśmy 50: 50 woda : ekstrakt metanolowy do barwienia. Powodem jest to, że flawonoidy, antrachinony i aglikony są słabo rozpuszczalne w wodzie i dlatego są ekstrahowane tylko częściowo.

Innowacyjna metoda ekstrakcji barwników:

- Efektywna ekstrakcja barwnika z materiału roślinnego jest bardzo ważna dla standaryzacji i optymalizacji barwników roślinnych. Wykorzystując metody: a) Soxhleta - b) ekstrakcji cieczą w stanie nadkrytycznym - c) ekstrakcji wodą w stanie

podkrytycznym oraz - d) metody sonikatora
SOXHLET

SOXHLET

Ekstrakcja Soxhleta

Gdy z mieszaniny stałej trzeba wyekstrahować związek o niskiej rozpuszczalności, można przeprowadzić ekstrakcję Soxhleta. Technika ta polega na umieszczeniu specjalnego elementu szklanego pomiędzy kolbą a chłodnicą. Refluksujący rozpuszczalnik wielokrotnie przemywa ciało stałe ekstrahując pożądany związek do kolby. Ekstrakcję Soxhleta przeprowadzono w celu identyfikacji barwników. W tej pracy wysuszone części roślin włożono do kolby ekstraktora Soxhleta, a jako rozpuszczalnika użyto metanolu. Temperatura urządzenia była utrzymywana poniżej temperatury wrzenia stosowanego rozpuszczalnika. Kilka cykli rozpuszczalnika prowadzono tak, aby wyekstrahować wszystkie związki z części roślin.

EKSTRAKTOR W STANIE NADKRYTYCZNYM

Naturalne barwniki są znane od czasów historycznych i używane do barwienia żywności, skóry, a także popularnych włókien tekstylnych, takich jak bawełna, wełna i jedwab. Jednak z powodu pojawienia się barwników syntetycznych i ich dobrych właściwości trwałościowych w porównaniu z barwnikami naturalnymi, zastosowanie barwników naturalnych drastycznie ucierpiało. W obecnym scenariuszu nastąpił wzrost obaw o przyjazność dla środowiska i zrównoważony rozwój produktów używanych przez konsumentów, dla których naturalne barwniki ponownie zaczynają doświadczać lekkiego wzrostu popularności. Samanta i Agarwal przeprowadzili badania, które opisują charakterystykę oraz chemiczną/biochemiczną analizę różnych dostępnych barwników naturalnych, różne rodzaje zapraw, jak również różne techniki zaprawiania, różne konwencjonalne i niekonwencjonalne metody naturalnego barwienia tekstyliów. Różne naturalne barwniki użyte do badań to madder, henna, trzymane, indygo i inne takie jak annato pulpa, *Rubia tinctorum*. Stosowane są różne metody ekstrakcji, takie jak ekstrakcja wodna, metoda niewodna, a także metoda kwasowa i zasadowa. Różne rodzaje zapraw i metody zaprawiania znacząco wpływają na szybkość blaknięcia. W przypadku bawełny najlepsze kombinacje zapraw stosowane w tym badaniu to harda i kwas winowy, a następnie kwas taninowy i harda. Podwójna zaprawa jest stosowana poprzez użycie harda i siarczanu glinu. Różne zmienne procesowe, które należy wziąć pod uwagę przy barwieniu i ekstrakcji barwników naturalnych to stężenie barwnika źródłowego, czas ekstrakcji, czas barwienia, stężenie zaprawy, pH i stężenie użytej soli.

Inne przeprowadzone badania dają nam pojęcie o barwieniu z wykorzystaniem płatków kwiatów palash lub tesu (*Butea monosperma*) *jako* naturalnych źródeł barwników. Barwniki zostały wyekstrahowane z Butea *monosperma* lub innymi słowy z płomieni leśnych i zastosowano je na 100% bawełnie. Zastosowano inną metodę ekstrakcji przez gotowanie, a jako zaprawę użyto ałunu. Tkanina została następnie poddana testom na trwałość kolorów. Próbka bawełny została oczyszczona i wybielona dla lepszego wchłaniania kolorów. Zaobserwowano, że naturalny barwnik nie wykazujący zbyt dużego powinowactwa z włóknem, ale dzięki zastosowaniu zaprawy, wytrzymuje co najmniej pięć prań. Również odporność barwnika na tarcie na mokro okazała się gorsza w wynikach eksperymentalnych. Zaobserwowano jednak, że *Butea monosperma* ma dobrą odporność na pot, ponieważ nie reaguje na pot o odczynie kwaśnym i zasadowym.

Użycie naturalnych barwników zaczęło się dalej znacznie zwiększać w bieżących latach dla jego powolnej, ale rosnącej fazy odrodzenia w chwili obecnej, ze względu na troskę ludzi o zmniejszenie zanieczyszczenia środowiska, a tym samym unikanie bardziej niebezpiecznych chemicznie barwników syntetycznych i półproduktów. Z dnia na dzień na rynku eksportowym wzrasta zapotrzebowanie na naturalnie barwione tekstylia naturalne. Różne instytucje/organizacje i rząd rozpoczęły wielorakie strategie odrodzenia w celu zwiększenia wykorzystania naturalnych barwników nie tylko jako możliwość zatrudnienia dla kilku organizacji pozarządowych, tkaczy i barwiarzy, projektantów, przemysłu, drobnego przemysłu chałupniczego itp. ale głównie w celu przyjęcia zielonej technologii barwienia. Przemysł rzemieślniczy w Indiach wykorzystuje lokalne talenty do barwienia przędzy i tkanin przy użyciu naturalnych związków, gdzie kilka produktów jest znanych na całym świecie, jak np. druk Kalamkari. Różne kraje, poza Indiami, takie jak Turcja, Korea, Meksyk, kilka krajów afrykańskich, przyjęły stosowanie naturalnych barwników. Badanie zostało przeprowadzone w celu zrozumienia zakresu naturalnych barwników i jego obecny status w świecie w uzupełnieniu do różnych technik aplikacji, ekstrakcji różnych naturalnych barwników, jak również różnych technik zaprawiania. Podkreślono tam również różne problemy związane z takim naturalnym barwieniem. Plemiona Tharu z dywizji znalazły nowe źródło naturalnych barwników z lokalnych liści i łodyg *Jatropha curcas L.* Barwniki są ekstrahowane przez proste gotowanie liści w wodzie, a następnie odparowanie ekstraktu do sucha. Uzyskany ekstrakt ma kolor żółtawo-oliwkowego syropu, a po nałożeniu na tkaniny bawełniane uzyskuje się różne odcienie brązu i opalenizny.

Inny stan w naszym kraju, Manipur został uznany za źródło naturalnego barwnika, a mianowicie ekstrakty z *Strobilanthus flaccidifolius* do zastosowań w rzemiośle, handlooms, sztuki piękne, itp. Inne plemiona Manipur jak Meitei społeczności zostały przy użyciu gatunków takich jak *Parkia javanica*, *Melastoma malabathricum*, *Pasania pachyphylla*, *Solanum incidum*, *Bixa orellana*, *Tectona grandis*, itp. te rośliny są połączone z innymi roślinami do ekstrakcji, a następnie barwnik jest przygotowany przez rdzennych źródeł. Badanie to dotyczy barwników pozyskiwanych z powyższych źródeł, metody ekstrakcji, jak również ich zastosowania.

Teraz z lasu w Chhattisgarh, różne rośliny barwnik plonowanie zostały zidentyfikowane i zebrane. Badanie zostało przeprowadzone na różnorodności barwników-roślin plonujących Chhattisgarh, rodzimej metody ekstrakcji barwnika i etnicznych zastosowań barwników. Kolory te są używane przez ludność plemienną tego regionu do różnych celów, takich jak ozdoby, kosmetyki, dekorowanie domów i kolorowanie naczyń domowych wykonanych z błota.

Z naturalnych barwników-wydajnych roślin, takich jak *Cassia fistula, Garcinia indica, Tectona grandis* są uzyskiwane i badane, gdzie Goa jest powiedział do domu więcej niż 3000 różnych gatunków roślin kwitnących. Naturalne barwniki zostały wydobyte z różnych części roślin, takich jak owoce, nasiona, kora, kwiaty, korzenie, itp. Procesy ekstrakcji są badane i barwniki różnych odcieni są uzyskane. Badanie to może również zachęcić przemysł małej skali do korzystania z naturalnych barwników z tych źródeł, które mają być stosowane na tkaninach bawełnianych i jedwabnych.

Źródła różnych barwników naturalnych i ich charakterystyka

Różne produkty naturalne są używane do barwienia w dzisiejszych czasach, aby spełnić wymagania konsumentów w zakresie zrównoważonego środowiska. Poniższe recenzje dotyczą różnych naturalnych barwników stosowanych do farbowania materiałów włókienniczych.

Jakość materiału roślinnego złotorostu kanadyjskiego jako naturalnego barwnika. Wodne roztwory materiału zawierające wyekstrahowane barwniki flawonoidowe scharakteryzowano za pomocą fotometrii bezpośredniej, zmierzono absorbancję po dodaniu FeCl2, przeanalizowano zawartość fenoli ogółem (TPH) w ekstrakcie oraz barwienie na przędzy wełnianej, gdzie odnotowano jedynie stosunkowo niewielkie różnice w głębi koloru i odcieniu wśród głównych części różnych zebranych materiałów.

Naturalny barwnik henna jest czerwono-pomarańczowym pigmentem, który od dawna stosowany jest do barwienia skóry i włosów oraz materiałów włókienniczych. Przeprowadzono wiele badań nad ekstrakcją i zastosowaniem barwnika henny we włóknach tekstylnych oraz ustalono standaryzację i uproszczenie technik barwienia. Ze względu na pogarszające się warunki środowiskowe i rosnącą świadomość w zakresie zrównoważonego rozwoju wzrosło zainteresowanie rozszerzeniem zakresu i zastosowań w barwieniu włókien tekstylnych, co przyniosło pewne sukcesy i obietnice. Henna wykazuje charakter kwaśny ze względu na obecność grup polarnych, co sprzyja jej wykorzystaniu w procesie barwienia tekstyliów.

Przeprowadzono badania barwienia jedwabnych tkanin naturalnym barwnikiem wyekstrahowanym z owoców *Liriope platyphylla*. Zaobserwowano, że całkowita zawartość fenoli (1109,13 ± 69,02 mg), całkowita zawartość flawonoidów (530,60 ± 89,44 mg) i całkowita zawartość antocyjanów (492,26 ± 77,79 mg) została zmierzona w 100 g świeżej masy owoców *L. platyphylla*. Szeroka różnorodność odcieni i głębi koloru została osiągnięta dzięki zastosowaniu mieszanin różnych kombinacji ekstraktów barwników i zapraw metalicznych. Purpura, błękit i jasna zieleń były głównymi odcieniami kolorów uzyskanych podczas barwienia ekstraktami. Odporność barwionych tkanin jedwabnych na działanie światła, pranie i tarcie była akceptowalna i wynosiła co najmniej 3 w skali szarości.

Skórka pomarańczowa jest łatwo dostępnym produktem ubocznym rolnictwa, tanim i obfitym. Zbadano zmienność wpływu metod i warunków barwienia, w tym wartości pH, temperatury, czasu i stężenia ekstraktów OP na barwę barwionych tkanin wełnianych. Zastosowano ekologiczne zaprawy glinowe i żelazowe. Odnotowano optymalne warunki barwienia, do których należały: temperatura barwienia 100°C, czas barwienia 120 min, pH 3 dla barwienia bezpośredniego i pH 7-9 dla jednokąpielowego barwienia zaprawowego. Badane próbki charakteryzowały się dobrą odpornością na mycie mydłem, dobrą odpornością na tarcie oraz akceptowalną odpornością na światło.

Hibiskus jest głównym surowcem do barwienia naturalnego. Należy on do rodziny Malvaceae. Wodne ekstrakty z tych kwiatów wykazują dobre właściwości trwałości. Stwierdzono, że barwnik ten ma dobre zastosowanie w komercyjnym barwieniu bawełny, jedwabiu dla przemysłu odzieżowego i przędzy wełnianej dla przemysłu dywanowego. W niniejszej pracy wykazano, że barwienie z użyciem hibiskusa daje dobre wyniki. Materiał jest wstępnie traktowany 2-4% zaprawami metalowymi, utrzymując stosunek M:L jak 1:40 w stosunku do wagi tkaniny do ekstraktu roślinnego. Barwnik jest tani i ma dobrą wartość handlową w przypadku barwienia bawełny, wełny i jedwabiu.

Inny naturalny materiał został uznany za dobre źródło naturalnego barwnika, którym jest *Mahonia napaulensis DC.*, powszechnie znana jako taming, z rodziny Berberidaceae. Naturalny barwnik pochodzi z łodygi i był używany przez plemiona z Arunachal Pradesh. Właściwości trwałości dla barwionych tkanin bawełnianych, jedwabnych i przędzy wełnianej wykazały znaczny wzrost, gdy wstępnie poddano je działaniu zaprawy metalowej (2% w/w w odniesieniu do tkaniny).

Podjęto próbę barwienia tkanin wełnianych przy użyciu laku jako barwnika naturalnego zarówno w technice konwencjonalnej jak i ultradźwiękowej. Porównano ekstrakcję barwnika metodą konwencjonalną z techniką ultradźwiękową i dokonano oceny danych. Porównano również wpływ pH kąpieli barwiącej, stężenia soli, mocy ultradźwięków, czasu barwienia i temperatury. Uzyskane wyniki trwałości były od dobrych do dobrych.

Wełna farbowana z nagietkiem jako źródłem żółtego koloru. Przędzę wełnianą najpierw wstępnie zaprawiono ałunem, a następnie wybarwiono nagietkiem i poddano działaniu różnych procentowych roztworów amoniaku. Po praniu w standardowym mydle odcień barwy ulega zmianie i nie stwierdzono wpływu amoniaku na odporność na pranie, jednak próbki wykazują mniejszą odporność na światło.

Przeprowadzono badania właściwości barwienia przędzy wełnianej z zastosowaniem ekstraktu z orzecha galusowego jako barwnika naturalnego. Stwierdzono, że ekstrakt z orzecha galusowego może być stosowany na przędzę wełnianą z zaprawami lub bez zapraw, aby uzyskać jasną kość słoniową do jasnobrązowo-żółtego koloru z dobrą odpornością na światło, pranie i tarcie.

Barwniki naturalne powoli zdobywają popularność na całym świecie. Ekstrakcja barwników z welonu przy użyciu aparatu Soxhleta. Barwniki naturalne zostały wyekstrahowane i wyizolowane, a otrzymana substancja barwna została użyta do barwienia włókien wełnianych. Na koniec dokonano porównania z barwnikami syntetycznymi w testach trwałości kolorów. Na podstawie przeprowadzonych badań można stwierdzić, że welon może być stosowany jako barwnik nietoksyczny. Uzyskano dobre właściwości trwałościowe tego naturalnego ekstraktu.

Podjęto próbę barwienia tkanin wełnianych przy użyciu łodyg Limoniastrum monopetalum. Parametry ekstrakcji zostały zoptymalizowane. Optymalizację wyników ekstrakcji uzyskano przy stężeniu barwnika 60 g/l, temperaturze 90°C i czasie trwania 100 min. Najlepsze wyniki uzyskano przy pH 2, temperaturze barwienia 100°C i czasie trwania 60 min. W procesie tym stosowano zaprawy metalowe. Ekstrakt zawiera dużą ilość naturalnych związków garbnikowych i polifenolowych, które są uważane za zaprawy, ponieważ mają zdolność wiązania barwników w kąpieli do tkaniny.

Karmin indygo jest kolejnym niebieskim barwnikiem opartym na surowcach odnawialnych, który może być stosowany do barwienia włókien białkowych. Karmin indygo w połączeniu z innymi barwnikami naturalnymi w procedurze jednokąpielowej stanowi koncepcję barwienia hybrydowego. Uzyskano optymalne parametry barwienia: pH w zakresie 4-5 i temperaturę pomiędzy 40 a 60°C.

Nowa koncepcja kilku naturalnych barwników jako uczulonych na barwniki ogniw słonecznych (DSC) została przedstawiona przez Hao i wsp. [21, 22, 23, 24]. Spośród wszystkich tych fotochromatycznych naturalnych barwników, barwnik z ekstraktu z czarnego ryżu wykazuje najlepsze wyniki, być może ze względu na wysoką interakcję pomiędzy grupami karbonylowymi [—C═O] i hydroksylowymi [—OH] antocyjanów obecnych w tych barwnikach. Ze względu na prostą technikę przygotowania, są one uważane za szeroko dostępne i tanie barwniki naturalne jako fotouczulony kolor barwników naturalnych, posiadający charakter fotouczulonego ogniwa słonecznego. Inne materiały, takie jak nasiona achiote, rosella, niebieskie kwiaty grochu, szpinak i ipomoea były również zgłaszane do takich naturalnych barwników mających w zbudowany fotosensybilizowane ogniwo słoneczne w nim.

Koszenila to gatunek owada o naukowej nazwie *Dactylopius coccus*. Kwas karminowy jest naturalnym barwnikiem otrzymywanym z wysuszonego ciała samicy tego owada. Znajduje on zastosowanie w kosmetyce, przemyśle spożywczym, farmaceutycznym, tekstylnym i tworzyw sztucznych.

Badanie naturalnego ekologicznego barwnika ekstrahowanego z *Plumeria rubra* wynika z istnienia wysoce zdelokalizowanych układów widma absorpcji wykazujących szeroką absorpcję w zakresie 292-590 nm. Roślina ta zachęca również do wykorzystania nieużytków, zalesiania nieużytków i stanowi w konsekwencji dodatkowe źródło dochodów dla ludności wiejskiej.

Rubia tinctorum powszechnie znana jako madder produkuje w swoich korzeniach pigmenty antrachinonowe, jednym z nich jest alizaryna (1,2 dihydroksyantrachinon), która jest używana do barwienia tkanin od czasów starożytnych. Testy przemysłowe wykazały dobrą wydajność przy użyciu suchego proszku w ilości 30% wagi materiału, który ma być barwiony, do barwienia przędz bawełnianych, wełnianych i jedwabnych. Odporność na blaknięcie wydaje się być dość dobra w przypadku wełny farbowanej przy użyciu madery.

Rozważano różne rośliny barwiące z Nowej Kaledonii, wśród których *Hubera nitidissima*, Annonaceae, wykazywała intensywnie żółty kolor na włóknach. Z liści tej rośliny wyekstrahowano barwnik na płótnie, jedwabiu i wełnie. Uzyskano wyniki trwałości kolorów, na podstawie których stwierdzono, że *H. nitidissima jawi* się jako doskonałe źródło odpornego na światło żółtego barwnika o interesujących właściwościach antyoksydacyjnych. Obecnie naturalny barwnik pozyskiwany z kory namorzynów jest również stosowany jako materiał barwiący.

Zastosowanie barwników naturalnych na różnych materiałach włókienniczych

Zastosowano selektywną ekstrakcję kilku barwników naturalnych na tkaninę jedwabną w procesie barwienia wyciągowego, w którym jako zaprawy użyto siarczan glinowo-potasowy, siarczan żelazawy, siarczan miedziowy i chlorek cynawy. Barwienie przeprowadzono na trzech różnych etapach barwienia tkaniny - po zaprawieniu, po meta zaprawieniu i po zaprawieniu. Podano wartości trwałości kolorów dla każdego z nich. Zoptymalizowano warunki barwienia: temperaturę barwienia 90°C, czas barwienia 60 min. oraz ustalono optymalne pH kąpieli barwiącej wynoszące 3. W tej pracy, tkaniny z jedwabiu naturalnego barwiono z użyciem i bez użycia zapraw przy użyciu $SnCl_2$, $KAl\,SO_4$, $FeSO_4$ i $CuSO_4$, uzyskując różny stopień zabarwienia/tonu/odcienia, gdzie $FeSO_4$ dawał ciemniejszy i czarno-brązowy odcień, $CuSO_4$ dawał jaśniejszy do blado-czerwono-brązowego odcień, oba wykazywały gorszą odporność na pranie, ale bardzo dobrą odporność na nasiąkanie wodą, pot, światło i tarcie.

Przeprowadzono różne testy fizyczne i porównano wytrzymałość na rozciąganie, wytrzymałość na rozdarcie i sztywność tkanin przed i po barwieniu.

Barwienie tkanin wełnianych ekstraktem z roślin *acacia pennata*. Barwnik został wyekstrahowany z kory wspomnianej rośliny i naniesiony na wełnę. *Acacia pennata* jest ciernistym krzewem występującym w całych Indiach i Birmie. Eksperymenty zostały przeprowadzone, gdzie acacia pennata był używany w połączeniu z łodygi banana. Porównując bez łodygi bananowca zauważono, że trwałość barwnika bez łodygi bananowca była gorsza niż w przypadku użycia łodygi. Stwierdzono, że łodyga bananowca działała jako dobra zaprawa, eliminując w ten sposób stosowanie metalicznych, rakotwórczych zapraw.

Podjęto próbę barwienia nylonu i poliestru za pomocą annato. Annatto znane również jako *Bixa orellana* zawiera składnik barwny, mianowicie barwnik karotenoidowy biksyna. Zaobserwowano, że oba te włókna wykazują dobre powinowactwo do tego barwnika, ale umiarkowaną odporność na pranie i słabą odporność na światło.

Podjęto próbę ekstrakcji barwników z ratanjot znanej również jako *Arnebia nobilis* do zastosowania na bawełnę, wełnę, jedwab, nylon, poliester i akryl. Rejestrowano warunki procesu, takie jak pH i temperatura. Stwierdzono, że barwnik wykazuje dużą wrażliwość na pH pod względem rozpuszczalności i barwy oraz jest stabilny termicznie do 80°C. Odnotowano różne kolory różnych tkanin, takie jak różowy kolor w przypadku poliestru, niebieski w przypadku nylonu i innych substratów uzyskujących purpurowy odcień w podobnych warunkach barwienia.

Przedstawiono badania nad kinetyką i termodynamiką barwienia tekstyliów wełnianych barwnikiem ekstrahowanym z *Arnebia nobilis*. Podano parametry fizykochemiczne i kinetyki barwienia tego naturalnego barwnika z wykorzystaniem wodnego ekstraktu z *Arnebia nobilis* zastosowanego na wełnianych tekstyliach w porównaniu z innymi naturalnymi barwnikami, takimi jak juglon, lawsone i *Rheum emodi*, itp. Wyniki pokazały, że te naturalne barwniki oparte na antrachinonoidach nie tworzą pożądanego kompleksu koordynacyjnego z wełną i są raczej absorbowane na podłożu wełnianym przez mechanizm podziału następujący po izotermie Nernsta, jak absorpcja barwnika dyspersyjnego na poliestrze.

Barwienie drelichu bawełnianego indygo, w którym podano informacje o nowszych technikach aplikacji barwników indygo, stosowanych do naturalnego indygo. Ponieważ indygo ma negatywne powinowactwo do bawełny, nie można stosować konwencjonalnych metod. Szczegóły dotyczące redukcji indygo, solubilizacji i aplikacji barwnika zostały przeanalizowane w tym artykule.

Podjęto próbę barwicnia ecru deniinu ekstraktem z cebuli jako barwnikiem naturalnym, stosując potas-alum w połączeniu z hardą i kwasem winowym jako zaprawami. Żadna z pojedynczych zapraw nie dała pożądanego odcienia. Spośród zastosowanych zapraw kombinowanych, kombinacja Potash-alum + harda okazała się lepsza od kombinacji Potash-alum + kwas winowy pod względem uzyskania pożądanej głębi odcienia, ale zaprawa potasowa + kwas winowy (5%:5%, tj. kombinacja 1:1 każdego 5% zastosowania) wykazała najlepszą ogólną trwałość kolorów.

Przeprowadzono badania nad standaryzacją zmiennych procesu barwienia dla jego zastosowania na bielonej tkaninie jutowej z wodnym ekstraktem tesu (płatek kwiatu Palash). Zaobserwowano, że większa ilość wstępnej zaprawy z 20% myrobolanu (Harda zawierającego kwas chebulinowy), a następnie 20% siarczanu glinu w sekwencji i barwienie przy pH -11,0 dały optymalną wydajność kolorów i dobrą trwałość kolorów. Poprawa w praniu i odporność na światło została również osiągnięta z odpowiednim chemicznym post-treatment przy użyciu odpowiednich środków.

Szarą tkaninę jutową bieloną nadtlenkiem wodoru metodą konwencjonalną zaprawiono różnymi stężeniami siarczanu żelazawego i barwiono oddzielnie barwnikami naturalnymi ekstrahowanymi z liści dezodary (*Cedrus* deodara L.), liści jackfruita (*Artocarpus integrifolia* L.) i liści eukaliptusa (*Eucalyptus globulus* L.). Współzależność wydajności kolorów i właściwości trwałości kolorów na dawki, czyli stężenia zapraw (FeSO$_4$) używane, wyższe żelazo-mordant stężenie prowadzi do wyższej wydajności kolorów, ciemniejszy kolor i lepiej ogólny dobry trwałość kolorów. Ale nie badali utratę wytrzymałości z powodu zaprawiania i co jest zasadniczo potrzebne do oceny również.

Wykorzystanie *madhuca longfolia* jako źródła barwnika. Wysuszone liście tej rośliny zostały użyte jako źródło barwnika do barwienia jedwabiu. Optymalne warunki ekstrakcji barwnika to pH 10, czas (60 min) i temperatura (95°C). Różny zakres odcieni uzyskuje się stosując różne metody z lub bez użycia zapraw. Wybarwione próbki poddano ocenie kolorymetrycznej oraz standardowym testom odporności na pranie, światło i tarcie. Uwzględniono również ekologiczność barwników. Barwione próbki zostały również poddane testom na aktywność przeciwdrobnoustrojową wobec bakterii Gram-dodatnich i Gram-ujemnych. Uzyskane wyniki wskazują, że liście *Madhuca longifolia* są obiecującym naturalnym barwnikiem, który może otworzyć nowe drzwi dla produktów przyjaznych dla środowiska.

Podjęto próbę barwienia jedwabiu przy użyciu berberysu, naturalnego barwnika typu kationowego, znanego również jako *Berberis aristata* DC. Użyto go do barwienia zdegumowanej czystej przędzy jedwabnej przy użyciu czterech wybranych zapraw: ałunu, chromu, siarczanu miedzi i siarczanu żelaza w różnych proporcjach, tj. 1:1, 1:3 i 3:1. Optymalne wyniki uzyskano dla wodnej ekstrakcji berberysu w czasie 60 min, 8% surowca barwiącego oraz optymalnych warunków barwienia: pH kąpieli barwiącej - 4,0, czas barwienia - 45 min. Standardowe zaprawianie chromem + siarczanem żelaza (1:3) oraz chromem + siarczanem miedzi (3:1) pozwoliło uzyskać wyższy stopień trwałości barwy. Różny procent odcienia i ton koloru uzyskano poprzez zastosowanie różnych stopni/procentów różnych kombinacji zapraw.

Zastosowanie *Bixa orellana* na tekstyliach białkowych: wełnie i jedwabiu. Nasiona annato zostały najpierw wyekstrahowane, a następnie zastosowane na jedwabiu i wełnie przy braku i w obecności siarczanu magnezu, siarczanu glinu i siarczanu żelaza. Efektywne wybarwienie uzyskano przy pH 4,5, zarówno w nieobecności, jak i w obecności soli nieorganicznych. Stwierdzono, że absorpcja barwnika przez wełnę jest większa niż w przypadku jedwabiu we wszystkich badanych warunkach. Gdy oba podłoża poddaje się działaniu soli przed zastosowaniem annato, obserwuje się znaczny wzrost absorpcji barwnika. Kolorowe włókna białkowe, ogólnie rzecz biorąc, wytwarzają ocenę odporności na światło i pranie na poziomie 2-3. Siarczan żelaza z kolei poprawia trwałość koloru i zachowanie koloru podczas prania włókien wełnianych i jedwabnych.

Kolejne badania dotyczyły zastosowania Punica *granatum* na tkaninach wełnianych i jedwabnych. *Punica granatum,* powszechnie znana jako skórka granatu, została zastosowana na tkaninach wełnianych i jedwabnych w obecności i przy braku przyjaznych dla środowiska środków zaprawiających. Stwierdzono, że barwienie jedwabiu i wełny roztworem granatu jest skuteczne przy pH 4,0. Zastosowanie siarczanu żelazawego i siarczanu glinu podczas zaprawiania przed i po wykazało poprawę absorpcji koloru, światłotrwałości i zachowania koloru podczas wielokrotnego prania. Zastosowanie tych zapraw nie wykazuje jednak poprawy właściwości odporności na pranie barwionych podłoży.

Badano zastosowanie ekstraktu z owoców *Terminalia bellerica* do barwienia tkanin wełnianych w różnych warunkach pH, stężenia naturalnego barwnika, czasu ekstrakcji i temperatury. Oceniano głównie siłę i głębię barwy powierzchniowej. Badania wykazały, że optymalną wydajność barwy uzyskano stosując następujące warunki ekstrakcji i barwienia:

Mordowanie:

1 (i) dichromian potasu + kwas mlekowy-aplikacja 0,5 gpl, oraz (ii) chlorek chromu + kwas mlekowy-aplikacja -0,5 gpl,
2 Barwienie: czas-60 min. i temperatura bliska wrzenia (95°C),
3 Uzyskane odcienie: zieleń mszysta z zaprawą (i) jak wyżej, żółcień musztardowa z zaprawą (ii) jak wyżej i brąz musztardowy z zaprawą octan miedzi i siarczan żelazawy lub chlorek żelazowy jako zaprawa. Tak więc w przypadku takich naturalnych barwników tonacja i głębia odcienia zależą od rodzaju zastosowanej zaprawy i jej stężenia. Stwierdzono, że ogólna odporność kolorów na pranie, na kwaśne lub zasadowe poty ludzkie oraz odporność na pocieranie/karbowanie jest prawie taka sama dla wspomnianych wstępnie

zaprawionych i farbowanych tkanin wełnianych. W przypadku odporności na światło, dłuższy czas ekspozycji na światło, ciemniejszy odcień i lepsza odporność na światło zostały uzyskane. Nie zaobserwowano zmian w sile koloru i trwałości mimo 8-krotnego stosowania kąpieli barwiącej stojącej (50 g owoców T.b./100 ml wody).

Nowe podejście do barwienia, gdzie Eukaliptus (*Eucalyptus camaldulensis*) proszek kory (bez dalszej obróbki / napromieniowania) przy użyciu promieni gamma napromieniowany naturalny barwnik z suchego proszku ekstraktu z liści eukaliptusa, do produkcji naturalnych barwionych tkanin kojący brązowy kolor z ulepszoną trwałość kolorów przez wymagane przed i / lub po zaprawiania. Tak więc, gdy ta tkanina była zatem barwiona w tym przypadku przy użyciu napromieniowanego promieniami gamma proszku z suchych liści eukaliptusa, wykazała zauważalną poprawę ogólnych właściwości odporności koloru.

Barwienie poliestrów i mieszanek poliestrowo-wiskozowych barwionych ekstraktami z łupin orzecha włoskiego. Rozważano różne warunki ekstrakcji, takie jak stosunek materiał-ciecz (M:L), temperatura ekstrakcji, czas ekstrakcji i pH, w celu uzyskania największej głębi koloru. Optymalną ekstrakcję barwników naturalnych z łupin orzecha włoskiego (*Juglans regia*) uzyskano w temperaturze 80°C, czasie ekstrakcji 75 min, stosując MLR 1:30 przy pH 2. Do barwienia poliestrów i mieszanek poliestrów z wiskozą przy użyciu wspomnianego ekstraktu z łupin orzecha włoskiego zastosowano $AlKHSO_4$, $AlK(SO4)_2$ lub $FeSO_4$ do oddzielnego zaprawiania przez 90 min i późniejszego barwienia. Stwierdzono, że wstępne zaprawianie $FeSO_4$ zapewnia najlepsze wyniki barwienia z dobrą głębią koloru i ogólnie dobrą odpornością koloru, co może być wykorzystane w przyszłych zastosowaniach do ekologicznego barwienia poliestrów i ich mieszanek.

Barwienie tkanin jutowych i bawełnianych dwuskładnikowymi mieszankami drewna jackfruit wraz z innymi barwnikami naturalnymi w celu uzyskania odcieni złożonych po zbadaniu ich kompatybilności. Konwencjonalnie bielone nadtlenkiem wodoru tkaniny jutowe i bawełniane zostały wstępnie zaprawione 10-20% harda (myrobolan), a następnie 10-20% $Al_2(SO_4)_3$ lub $FeSO_4$ solą w sekwencji jako sekwencyjna podwójna zaprawa jako najbardziej perspektywiczny system zaprawiania dla późniejszego barwienia wodnym ekstraktem z drewna jackfruit. Badanie zmiennych procesu barwienia wykazało, że optymalne wyniki barwienia uzyskano dla czasu barwienia 90 min, temperatury barwienia 70-90°C, pH 11,0, stosunku materiału do cieczy 1:30, 20-30% stężenia zapraw, 30-40% stężenia barwnika źródłowego i 15 gpl soli kuchennej. W metodzie konwencjonalnej, w celu zbadania zgodności wybranych par dwuskładnikowych barwników naturalnych, aby uzyskać progresywną głębię odcienia, wyprodukowano dwa zestawy pięciu różnych próbek i zbadano je po barwieniu mieszaniną 1:1 dwóch barwników przy 1% ustalonej głębi odcienia, przy zmieniającym się profilu czasowym i temperaturowym w jednym zestawie, jak również przy zmieniającym się całkowitym stężeniu dwuskładnikowych par barwników (stosując zmienną głębię odcienia przy 1:1 równej proporcji mieszaniny dwóch barwników), utrzymując stały czas i temperaturę dla drugiego zestawu, a ich parametry kolorystyczne K/S vs. DL i DC Vs. DL porównano w celu oceny kompatybilności metodą graficznego porównania. Jednakże w niniejszej pracy opisano i zaadoptowano nowszą metodę oceny zgodności z obliczaniem danych wskaźnika różnicy barw (nowo zdefiniowany użyteczny parametr różnicy barw) w celu łatwego określenia oceny zgodności pomiędzy dwoma barwnikami dowolnej pary dwuskładnikowych selektywnych barwników naturalnych używanych do stosowania tej dwuskładnikowej mieszaniny barwników naturalnych w tej samej kąpieli barwiącej dla odcienia złożonego. Ponadto wykazali oni metody poprawy odporności koloru na pranie poprzez zastosowanie oddzielnej obróbki wtórnej środkami kationowymi, takimi jak CTAB (bromek n-cetylo-N-trimetyloamoniowy) lub cetrymid itp. Podobnie, oddzielna obróbka z użyciem 1% benztriozalu jako absorbera UV również wykazała poprawę wyników odporności na światło.

Kolejna próba barwienia ratanjot na nylonie i poliestrze była badana, gdzie obserwowane wyniki wskazywały, że barwnik ten ma dobrą substantywność zarówno dla włókien nylonowych jak i poliestrowych, prawdopodobnie ze względu na mniej polarną strukturę tego barwnika i izotermę podziału Nernsta absorpcji tego barwnika na tych dwóch włóknach. Uzyskano jednak głęboki odcień barwy oraz lepszą odporność na światło i pranie.

Badane o *Alternaria alternata* do barwienia tkanin i drukowania gdzie czerwono-brązowe naturalne pigmenty, które zostały uzyskane po ekstrakcji kolorów z suchej grzybni *Alternaria alternata* w metanolu rozpuszczalnika mediów. Przy pH -6, to Fungus produkować wspomniane ekstrahowalne barwny pigment, który może być stosowany na bawełnie do jasnego koloru z średnich klas wyników trwałości kolorów przy użyciu pigmentu procesu barwienia. Ten naturalny kolor jest przeciwbakteryjne i przeciwgrzybicze, jak udowodniono w tej pracy przez AATCC100 metody testowej dla obu gram dodatnich i gram ujemnych gatunków bakterii do testu, pokazując jego antybakteryjną naturę.

Właściwości barwiące naturalnego barwnika wyekstrahowanego z *Rhizoma coptidis* na włóknach akrylowych. Włókna akrylowe barwiono wodnym roztworem *Rhizoma coptidis* i badano ich wybarwialność pod względem właściwości termodynamicznych i kinetycznych oraz warunków procesu barwienia. Badania wykazały, że wpływ temperatury barwienia jest dodatni, to znaczy wydajność barwy i szybkość dyfuzji barwnika wzrasta wraz ze wzrostem temperatury barwienia do pewnego poziomu, co wskazuje na temperaturę barwienia i stężenie zaprawy jako ważne zmienne krytyczne w barwieniu akrylu ekstraktem z

Rhizoma coptidis. Odporność wybarwień na pranie i tarcie oceniono na stopień 4.

Wyodrębniono barwnik ubiadinowy z *Swietenia mahagoni* i zbadano jego właściwości barwiące na tkaninie jedwabnej z zastosowaniem metalicznych zapraw. Zastosowano zaprawy metaliczne takie jak $MgCl_2$ i $FeSO_4$ i oceniono właściwości barwiące. $FeSO_4$ w porównaniu z $MgCl_2$ wykazał dobre wyniki w zakresie wydajności i trwałości kolorów.

Naturalne barwienie przędzy jedwabnej z wykorzystaniem ekstraktu z liści *Acalypha wilkesiana* przy użyciu różnych stężeń zapraw, takich jak ałun potasowy, dichromian potasu, siarczan miedzi i siarczan żelazawy. Dichromian potasu i siarczan miedzi nie są zaprawami przyjaznymi dla środowiska. Ałun potasowy choć daje dobrą trwałość, ale biorąc pod uwagę wydajność kolorów i trwałość zarówno, $FeSO_4$ oferuje najlepsze wyniki wydajności kolorów i trwałość kolorów.

Barwienie naturalne z wykorzystaniem wyekstrahowanego i oczyszczonego naturalnego pigmentu grzybowego z *Thermomyces* sp. do stosowania na różnych tkaninach w celu optymalizacji i parametrów procesu barwienia jedwabiu, bawełny i tkanin wełnianych. Ten wyekstrahowany barwnik uzyskany z *Thermomyces* sp. wykazywał dobre powinowactwo do tkanin jedwabnych niż inne, z dobrą odpornością na światło (ocena 4), odpornością kolorów na pranie (ocena 4-5) i odpornością kolorów na tarcie (ocena 3-4). Optymalne warunki barwienia stwierdzono, że temperatura barwienia-30°C, pH-3, mordant myrobalan-5% i czas barwienia-20 min zostały zasugerowane. Barwnik ten dał również odpowiedni stopień redukcji bakterii w próbce jedwabiu barwionego na *Salmonella typhi* (51,05%).

Wykorzystanie owocni *Terminalia chebula* Retz. jako źródła naturalnego barwnika do zastosowań włókienniczych. *Terminalia chebula Retz.* z rodziny-Combretaceae, nazwa handlowa-Myrobalan owoce pericarp proszek został pobrany do wykorzystania jako barwnik. Suszone owoce stanowią jeden z najważniejszych roślinnych materiałów garbarskich i są używane w Indiach od dawna. Owocnia ta może być więc wykorzystana jako surowiec do barwienia naturalnego.

Próba barwienia wełny i jedwabiu z użyciem *Rheum emodi. Tkaniny* jedwabne i wełniane barwiono barwnikiem wyekstrahowanym z *Rheum emodi pod* nieobecność i w obecności metalicznych zapraw, takich jak siarczan magnezu, siarczan glinu i siarczan żelaza, uzyskując odcienie różnych barw, od żółtej do oliwkowej zieleni. Badanie izotermy barwienia i kinetyki procesu barwienia wykazało, że mechanizm barwienia nie polega na skoordynowanym tworzeniu kompleksu włókno - zaprawa - barwnik, a raczej na izotermie typu Nernsta pokazującej wzór mechanizmu podziału, dla tego barwnika na bazie antrachinonoidów, gdzie cząsteczki barwnika są adsorbowane przez jedwab i tkaniny wełniane jako barwnik dyspersyjny.

Jednakże stwierdzono, że szybkość barwienia jest wyższa w przypadku jedwabiu niż wełny oraz że głębia koloru jest zwiększona poprzez zastosowanie zarówno siarczanu glinu jak i siarczanu żelaza jako zaprawy, a biorąc pod uwagę wyniki testu trwałości koloru, stwierdzono, że ten ostatni, tj. siarczan żelaza jako zaprawa jest lepszy (oferując stopień trwałości prania 3 do 4 lub 4) niż zastosowanie tych samych dawek siarczanu glinu.

Tak więc siarczan żelaza jest preferowany jako zaprawa do uzyskania poprawy właściwości trwałości koloru i utrzymania koloru na pranie zarówno wełny i jedwabiu tkanin dalej.

Zalety naturalnych barwników w porównaniu z syntetycznymi są wielorakie, ponieważ są one przyjazne dla środowiska, bezpieczne w kontakcie z ciałem i zharmonizowane, jak donosi Brian [58]. Wielu naukowców sugerowało i donosiło również o leczniczym i antybakteryjnym znaczeniu barwników naturalnych. Żółty barwnik z kłącza kurkumy jest tradycyjnie stosowany w medycynie jako lek przeciwzapalny. Większość naturalnych barwników okazuje się być nietoksyczna i przyjazna dla środowiska, choć są pewne wyjątki.

Barwniki naturalne są barwnikami pozyskiwanymi z warzyw, minerałów lub owadów. Mimo że większość barwników naturalnych ma słabą lub umiarkowaną odporność na światło, a barwniki syntetyczne reprezentują pełną gamę kolorów o odporności na światło od umiarkowanej do doskonałej, wielu naukowców donosi o zastosowaniu barwników naturalnych na tekstyliach. Barwienie bawełny ekstraktem z liści Beilschmiedia fagifolia wykorzystano metodę sonikatorową do barwienia bawełny wodnymi ekstraktami z *B. fagifolia.* Autorzy podali, że wstępna obróbka bawełny 1-2% zaprawą metalową i barwienie 5% ekstraktem roślinnym dało optymalne rezultaty o dobrych właściwościach wytrzymałościowych.

Zastosowanie barwników naturalnych takich jak kurkuma, madder, katechu, rabarbar indyjski, henna, herbata i skórka granatu na włóknie sztucznym nylon.

Istnieje wiele historycznych książek dokumentujących literaturę dotyczącą stosowania naturalnych barwników lub naturalnych materiałów barwionych (tekstylia, świece, żywność, futra, itp.), pochodzących nawet z XVIII wieku.

Identyfikacja barwników w zabytkowych tkaninach metodami chromatograficznymi i spektrofotometrycznymi, a także poprzez czułe reakcje barwne, retencja kwasu karminowego, indygotyny, korcetyny, kwasu gambogowego, flawanoidu alizaryny, antrachinonu i purpuryny itp. Przedstawiono niedestrukcyjną metodę identyfikacji wyblakłych barwników na tkaninach poprzez badanie ich widm emisyjnych i wzbudzeniowych. Oczyszczono i scharakteryzowano wyekstrahowane naturalne środki i barwniki z kory mango do zastosowania we włóknach białkowych, takich jak wełna.

Rozdział i identyfikacja barwników naturalnych z włókien wełnianych metodą HPLC z fazą odwróconą przy użyciu kolumny C-18. Dwa układy rozpuszczalników czwartorzędowych i jeden układ rozpuszczalników dwuskładnikowych zastosowano do uzyskania chromatogramów w analizie HPLC czerwonych barwników antrochinonoidowych pochodzenia roślinnego i owadziego oraz niebieskich i czerwono-fioletowych barwników indygoidowych pochodzenia mięczakowego. Metoda ta umożliwia prowadzenie procesu elucji do oznaczania różnych funkcjonalności chemicznych i klas barwników oraz znacznie skraca czas badania.

Scharakteryzowano aktywność przeciwdrobnoustrojową po ekologicznym barwieniu orzechem arcea przy użyciu naturalnych dodatków zaprawiających, takich jak myrobolan, lodhra i skórka granatu i stwierdzono, że skórka granatu zapewnia najlepszą aktywność przeciwbakteryjną, a Lodhar zapewnia najwyższą trwałość kolorów w praniu wśród wszystkich zastosowanych dodatków modyfikujących.

Podjęto próbę otrzymania barwników azo-alkidowych w wyniku redukcji nitroalkidów, a następnie diazotyzacji aminoalkidów i sprzęgania z różnymi związkami fenolowymi obecnymi w oleju z nasion *Jatropha curcas z* wykorzystaniem widm IR.

Dane dotyczące toksyczności dostarczają również dowodów na negatywne skutki dla ludzi i środowiska. Podstawowym problemem jest ostra toksyczność, działanie drażniące na skórę i oczy oraz potencjał uczulający, a także zanieczyszczenie środowiska w społeczeństwie. Ponadto, ewentualne skutki długoterminowe, takie jak mutagenność, rakotwórczość lub toksyczność reprodukcyjna są najlepiej oceniane przez test LD50. Surowe ekstrakty metanolowe z łodygi i korzeni, liści, owoców, nasion *Artocarpus Hetrophyllus* wykazywały dobrą ocenę aktywności przeciwbakteryjnej. Frakcje butanolowe z tej samej kory korzeniowej i owoców również okazały się najbardziej aktywne.

Ekstrakcja garbników z liści dębu (tj. gałązki dębu zawierają kwas galusowy i kwas taninowy i pomagają w lepszym utrwalaniu barwników) z regionu Himalajów i farbowanie tkanin bawełnianych, wełnianych i jedwabnych z różnymi metalicznymi zaprawami i uzyskano lepsze tkaniny odporne na kolor, które są przyjazne dla skóry też. Głównym powodem odrodzenia się naturalnych barwników dla tekstyliów jest ich przyjazność dla środowiska i skóry.

Naturalne barwniki i naturalne antybakteryjne środki wykończeniowe

Przeprowadzono badania nad działaniem przeciwbakteryjnym i przeciwgrzybiczym tak barwionych tekstyliów, barwionych kurkumą, Terminalli, gujawą i henną. Uzyskane wyniki wskazują, że przy poziomie dawki 50 µl barwnik Terminalli był w stanie zahamować wzrost wszystkich badanych grzybów. Natężenie absorbancji barwników naturalnych analizowano za pomocą spektrofotometru UV. Uzyskane wartości absorbancji były wysokie w przypadku Terminalli (2,266) i kurkumy (2,255). Na podstawie tych badań stwierdzono, że naturalne barwniki zostały połączone z tradycyjnymi produktami w celu uzyskania dobrej barwy i dobrej aktywności przeciwdrobnoustrojowej wobec wyizolowanych patogenów grzybowych.

Inne badania nad aktywnością przeciwdrobnoustrojową niektórych naturalnych barwników takich jak *Acacia catechu, Kerria lacca, Quercus infectoria, Rubia cordifolia* i *Rumex maritimus,* co daje nam pojęcie o określeniu ich minimalnego stężenia hamującego (MIC), które okazało się być różne od 5 do 40 mg. W związku z tym, aby uzyskać efektywne działanie przeciwdrobnoustrojowe w tak barwionych naturalnych materiałach włókienniczych, należy zastosować stężenie powyżej MIC.

Kurkumina, powszechnie stosowany naturalny barwnik stosowany do barwienia tkanin i żywności, została użyta do barwienia tkanin wełnianych w celu uzyskania jednoczesnego barwienia i wykończenia przeciwdrobnoustrojowego, wykazując zależność pomiędzy procentem redukcji bakterii a stężeniem barwnika (kurkuminy) oraz stopniem zahamowania rozwoju drobnoustrojów i siłą koloru powierzchni (wartość K/S). Jednakże, trwałość działania przeciwdrobnoustrojowego w różnych cyklach prania po praniu oraz po ekspozycji na światło UV/słoneczne są również bardzo ważnymi kryteriami, które również zostały krytycznie omówione w tej pracy.

Podjęto próbę zbadania przeciwdrobnoustrojowego działania *Rheum emodi* L. jako potencjalnego antybakteryjnego barwnika naturalnego i barwiono przędze wełniane ekstraktem *Rheum emodi* L. jako oczyszczonym barwnikiem stosując stężenie barwnika 5-10% z lub bez zapraw takich jak siarczan żelazawy, chlorek cyny i naturalny ałun w celu późniejszego badania przeciwdrobnoustrojowego przeciwko *E. coli* i *S. aureus* zgodnie z metodą testową AATCC100. Wyniki badań próbek przędzy wełnianej barwionej naturalnie *Rheum emodi* wykazały 90% redukcję bakterii oraz bardzo wysoką ochronę przeciwgrzybiczą, co wskazuje na bardzo skuteczne właściwości przeciwdrobnoustrojowe.

Obróbka wstępna z siarczanem glinu jako zaprawianie wstępne, a następnie barwienie selektywnymi barwnikami naturalnymi wyekstrahowanymi z liści zielonej herbaty, madery, kurkumy, płatków szafranu i henny jako naturalnych barwników oraz naturalnych środków przeciwdrobnoustrojowych zapewnia umiarkowaną do dobrej antybakteryjną właściwość wykończeniową na tkaninach wełnianych, a także prowadzi do dobrej trwałości wspomnianego działania przeciwdrobnoustrojowego nawet po pięciu cyklach prania i ponad 300-minutowej ekspozycji na światło UV/słoneczne.

Badanie aktywności przeciwdrobnoustrojowej samego katechu i ekstraktu katechu barwionego przędzy wełnianej. Uzyskane wyniki wskazują na ponad 90% redukcję przeciwbakteryjną według standardowej metody badawczej. Zaobserwowany charakter inhibicji przeciwdrobnoustrojowej wskazuje, że katechu może być obiecującym naturalnym przeciwdrobnoustrojowym środkiem wykończeniowym dla rozwoju bioaktywnych i przeciwdrobnoustrojowo barwionych materiałów włókienniczych dla współczesnych potrzeb.

Szereg najnowszych badań nad jednoczesnym barwieniem naturalnym i wykończeniem przeciwdrobnoustrojowym różnych tekstyliów przy użyciu selektywnych barwników naturalnych/środków naturalnych stosowanych pojedynczo lub w kombinacji było przedmiotem dociekań kilku autorów, którzy poniżej podają szczegółowe badania i dalsze odnośniki:

Naturalne barwniki i naturalne środki wykończeniowe chroniące przed promieniowaniem UV

Badanie właściwości antybakteryjnych i UV egipskich tkanin bawełnianych poddanych działaniu wodnego ekstraktu z odpadowych skórek owoców banana po jego ekstrakcji w 1% roztworze NaOH.

Opracowanie naturalnie barwionej tkaniny jutowej o podwyższonej wydajności barwienia i właściwościach ochronnych przed promieniowaniem UV z zastosowaniem harda (myrobolan) jako bio zaprawy (chociaż nie jest to prawdziwa zaprawa, jest to raczej pomocnik zaprawiania o wysokiej zdolności koordynacyjnej do promowania tworzenia kompleksu włókno-zaprawa-barwnik za pomocą kilku grup —OH i —COOH obecnego w nim kwasu chebulinowego) i ekstraktu ze skórki granatu jako naturalnego barwnika, jak również środka ochronnego przed promieniowaniem UV przy użyciu przyjaznego dla środowiska siarczanu żelazawego i ałunu potasowego jako zapraw. Bardzo dobre wyniki w zakresie ochrony przed promieniowaniem ultrafioletowym (UV) uzyskano w przypadku barwienia tkaniny jutowej skórką granatu. Natomiast tkanina jutowa poddana barwieniu naturalnymi barwnikami manjistha, annato, ratanjot i baboolas stanowiła naturalne środki wykończeniowe chroniące przed promieniowaniem UV, zastosowane po wstępnej zaprawie z sekwencyjną obróbką wstępną z ekstraktem Harda jako biomordantem i ałunem jako metaliczną, ale naturalną, przyjazną dla środowiska zaprawą chemiczną. Obserwowane wyniki wskazują, że właściwości ochronne przed promieniowaniem UV wspomnianych selektywnych barwników naturalnych oraz naturalnych środków wykończeniowych chroniących przed promieniowaniem UV zastosowanych na bielonej tkaninie jutowej są następujące: babool > annato > manjistha > ratanjot.

Badanie odpadów skórki pomarańczowej jako rolniczego produktu ubocznego do uzyskania jednoczesnego naturalnego barwienia i wykończenia ochronnego UV na tekstyliach ze względu na potencjalnie silny charakter absorpcji UV skórki pomarańczowej zastosowanej na tkaninach wełnianych. Wyniki były zachęcające, a optymalne warunki tego jednoczesnego naturalnego barwienia i wykończenia ochronnego UV na wełnianych tkaninach to: optymalna temperatura 100°C, optymalny czas-120 min, kąpiel barwiąca i wykończeniowa o pH-3 dla następującego barwienia i wykończenia bez zaprawy oraz pH 7-9 dla jednoczesnego barwienia, farbowania i wykończenia w jednej kąpieli z użyciem siarczanu glinu lub siarczanu żelaza, czyli żelaza jako metalicznej, przyjaznej dla środowiska zaprawy, co wskazuje na duży potencjał ekstraktu ze skórki pomarańczowej jako przydatnego do tego celu.

Proces barwienia

Proces barwienia jest jednym z kluczowych czynników decydujących o powodzeniu w handlu wyrobami włókienniczymi. Oprócz wzornictwa i pięknego koloru, konsument zazwyczaj poszukuje pewnych podstawowych cech produktu, takich jak dobre utrwalenie pod wpływem światła, potu i prania, Barwniki włókiennicze: zarówno na początku, jak i po dłuższym okresie użytkowania. Aby zapewnić te właściwości, substancje nadające barwę włóknu muszą wykazywać wysokie powinowactwo, jednolitą barwę, odporność na blaknięcie i być ekologicznie opłacalne. Nowoczesna technologia barwienia składa się z kilku etapów dobieranych w zależności od rodzaju włókna oraz właściwości barwników i pigmentów przeznaczonych do stosowania w tkaninach, takich jak budowa chemiczna, klasyfikacja, dostępność handlowa, właściwości utrwalające zgodne z barwionym materiałem docelowym, względy ekonomiczne i wiele innych. Metody barwienia nie zmieniły się zbytnio z upływem czasu. Zasadniczo woda jest używana do czyszczenia, barwienia i nakładania pomocniczych środków chemicznych na tkaniny, a także do płukania poddanych obróbce włókien lub tkanin. Proces barwienia obejmuje trzy następujące etapy: przygotowanie, barwienie i wykończenie: Przygotowanie jest to etap, w którym usuwa się z tkanin niepożądane zanieczyszczenia przed barwieniem. Można to zrobić poprzez czyszczenie za pomocą wodnych substancji alkalicznych i detergentów lub poprzez zastosowanie enzymów. Wiele tkanin wybiela się nadtlenkiem wodoru lub związkami zawierającymi chlor, aby usunąć ich naturalny kolor, a jeśli tkanina ma być sprzedawana biała i nie farbowana, dodaje się do niej rozjaśniacze optyczne.

Barwienie polega na wodnym nanoszeniu koloru na podłoże włókiennicze, głównie przy użyciu syntetycznych barwników organicznych, często w podwyższonych temperaturach i ciśnieniach na niektórych etapach. Należy zaznaczyć, że nie istnieje barwnik, który wybarwiłby wszystkie istniejące włókna, ani włókno, które mogłoby być wybarwione przez wszystkie znane barwniki. Podczas tego etapu barwniki i chemiczne środki pomocnicze, takie jak środki powierzchniowo czynne, kwasy, zasady/zasady, elektrolity, nośniki, środki wyrównujące, środki promujące, środki chelatujące, oleje emulgujące, środki zmiękczające itp. są nakładane na tekstylia, aby uzyskać jednolitą głębię koloru o właściwościach trwałości koloru odpowiednich do końcowego zastosowania tkaniny. Proces ten obejmuje dyfuzję barwnika do fazy ciekłej, po której następuje adsorpcja na zewnętrznej powierzchni włókien, a na końcu dyfuzja i adsorpcja na wewnętrznej powierzchni włókien. W zależności od oczekiwanego końcowego zastosowania tkanin, mogą być wymagane różne właściwości trwałości. Na przykład, kostiumy kąpielowe nie mogą krwawić w wodzie, a tkaniny samochodowe nie powinny blaknąć po dłuższym wystawieniu na działanie promieni słonecznych. Aby uzyskać te właściwości, stosuje się różne rodzaje barwników i dodatków chemicznych, co jest przeprowadzane na etapie wykańczania. Barwienie może być również realizowane poprzez nanoszenie pigmentów (pigmenty różnią się od barwników tym, że nie wykazują chemicznego ani fizycznego powinowactwa do włókien) wraz z lepiszczami (polimerami, które wiążą pigment z włóknami).

1. Wykaz substancji barwiących

Istnieją pewne problemy techniczne i wady związane z zastosowaniem barwników naturalnych, które ograniczają ich zastosowanie, a mianowicie: - Zastosowanie głównie do włókien naturalnych (bawełna, len, wełna i jedwab) - Słabe właściwości trwałości koloru - Słaba powtarzalność odcieni - Brak dostępnych standardowych receptur i metod barwienia. - Stosowanie metalicznych zapraw, z których część nie jest przyjazna dla środowiska. Hill [1] wyraził pogląd, że prace badawcze nad barwnikami naturalnymi są niewystarczające i istnieje potrzeba przeprowadzenia znaczących prac badawczych w celu zbadania potencjału barwników naturalnych przed ich ważnym zastosowaniem na podłożu włókienniczym. W Indiach początkowo Alps Industries Ghaziabad (Uttar Pradesh,

Indie), a następnie Ama Herbals, Lucknow, i Bio Dye Goa wykonały szeroko zakrojone prace w zakresie badań przemysłowych i produkcji barwników naturalnych i naturalnie barwionych tekstyliów.

Przemysł rękodzielniczy oparty na tekstyliach w wielu krajach angażował miejscową ludność do barwienia przędzy tekstylnej naturalnymi barwnikami i tkania ich w celu wytworzenia specjalistycznych tkanin. Drukowanie tkanin z użyciem naturalnych barwników w Indiach odbywa się w szczególności w Radżastanie i Madhya Pradesh. Tureckie dywany są znane z piękna wykonanego przy użyciu naturalnych barwników.

Głównymi importerami barwników naturalnych są USA i UE. W UE głównymi importerami barwników naturalnych są Francja, Niemcy, Włochy i Wielka Brytania. Barwniki naturalne mają wiele zalet [2], takich jak nietoksyczność, przyjazność dla środowiska, przyjemny dla oka odcień i szczególny aromat lub świeżość odcienia [3]; jednakże barwniki naturalne mają pewne wady, takie jak słaba odtwarzalność koloru, słaby lub niespójny skład, średnia odporność na pranie [4] i mniejsza dostępność w różnych regionach, co stanowi poważny problem dla ich odrodzenia. Ponadto barwniki naturalne nie posiadają żadnej standardowej, ustalonej metody barwienia [5]. Ostateczny odcień zależy od rodzaju zaprawy użytej w barwieniu. Barwniki naturalne stosowane są do barwienia tkanin bawełnianych [6, 7], lnianych [8], wełnianych [9, 10], jedwabnych [11, 12], nylonowych i poliestrowych [13, 14]. Barwniki naturalne można klasyfikować w różny sposób, m.in. ze względu na rodzaj pochodzenia/źródła, typ odcienia, budowę chemiczną [15, 16] oraz składniki barwy.

Poniżej przedstawiono klasyfikację barwników naturalnych w oparciu o ich pochodzenie/źródło: - Pochodzenie roślinne - Pochodzenie zwierzęce - Pochodzenie mineralne W przypadku pochodzenia roślinnego najlepszym źródłem barwników naturalnych są różne części roślin i drzew. Większość naturalnych barwników jest pozyskiwana z różnych części roślin i drzew. Naturalne barwniki i pigmenty są pozyskiwane z następujących części roślin/drzew: - Nasiona - Korzeń - Łodyga - Kora - Liście - Kwiaty Barwniki naturalne mają szerokie zastosowanie w barwieniu większości włókien naturalnych, np. bawełny, lnu, wełny i włókien jedwabnych, a także w pewnym stopniu nylonu i poliestrowych włókien syntetycznych.

Jednakże głównymi problemami w przypadku tekstyliów barwionych naturalnie są: powtarzalność odcienia, brak dobrze zdefiniowanej standardowej procedury aplikacji oraz słaba trwałość odcienia pod wpływem wody i światła. Osiągnięcie dobrej odporności koloru na pranie i światło również stanowi wyzwanie dla barwiarza. Kilku badaczy zaproponowało różne metody barwienia i parametry procesu, ale wciąż te informacje są niewystarczające, więc wymaga to przeprowadzenia badań w celu opracowania standardowej techniki ekstrakcji barwnika i standaryzacji całego procesu naturalnego barwienia tekstyliów. Poniżej przedstawiono przykłady kilku ważnych barwników naturalnych [17], które są szeroko stosowane w barwieniu materiałów włókienniczych.

1.7 **Owoce kawowca** (Artocarpus heterophyllus Lam)
Jest to bardzo popularny owoc w południowych Indiach i innych częściach Indii. Drewno drzewa jest cięte na małe kawałki i kruszone na proszek, a następnie gotowane w wodzie w celu ekstrakcji barwnika. Po zaprawiania traktowania barwionych tkanin, żółte do brązowych odcienie są uzyskane. Tkaniny bawełniane i jutowe są barwione tym barwnikiem. Należy on do rodziny Moraceae. Barwnik składa się z moryny jako cząsteczki barwiącej.

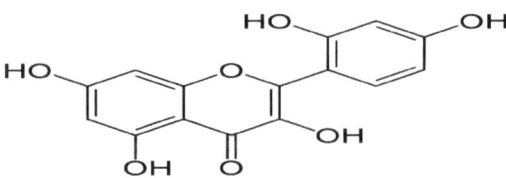

Budowa chemiczna moryny

1.8 Kurkuma (Curcuma longa)

Barwnik uzyskuje się z korzenia rośliny. Korzeń kurkumy jest suszony, kruszony w formie proszku i gotowany z wodą w celu ekstrakcji barwnika. Może być stosowany w barwieniu bawełny, wełny i jedwabiu. Odpowiednie zaprawianie poprawia odporność koloru na pranie. Świetlisty żółty odcień uzyskuje się po barwieniu naturalnym barwnikiem kurkumą. Kurkuma jest bogatym źródłem związków fenolowych zwanych kurkuminoidami. Składniki barwiące zawarte w kurkumie to kurkumina. Kurkumina jest diaryloheptanoidem występującym w formie keto-enolowej. Kurkuma należy do grupy botanicznej Curcuma.

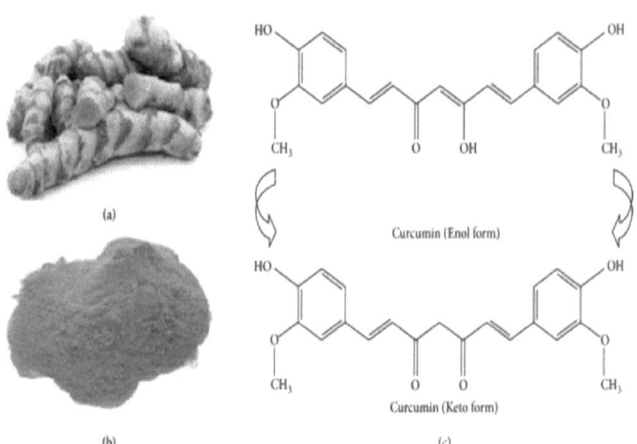

Struktura chemiczna kurkuminy

1.9 *Cebula (Allium cepa)*

Papierowa skórka cebuli jest głównym źródłem barwnika. Skórka cebuli jest gotowana w celu wydobycia koloru, a następnie może być farbowana z lub bez zaprawiania tkaniny. Uzyskany kolor ma barwę od pomarańczowej do brązowej. Zawiera pigmenty barwiące zwane pelargonidyną (5,5,7,4 tetrahydroksyanidol). Ilość obecnego pigmentu barwiącego waha się od 2,0 do 2,25%.

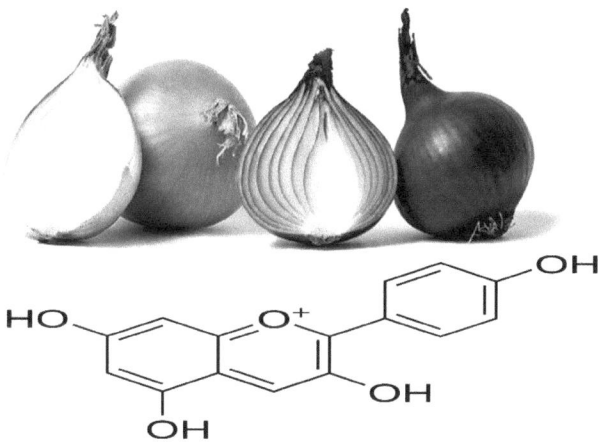

Struktura chemiczna pelargonidyny

1.4 Hina (Lawsonia inermis L)

To właśnie liść rośliny jest tradycyjnie wykorzystywany do tworzenia kolorowych wzorów na dłoniach kobiet. Liść rośliny jest suszony, kruszony, a następnie gotowany z wodą, aby wydobyć barwnik z liścia. Zaprawiona tkanina daje kolor od brązowego do musztardowego żółtego. Jest to kolor typu barwnika rozproszonego, dlatego poliester i nylon mogą być barwione hiną. Barwi jednak wełnę i jedwab dając jaśniejszy brązowy kolor.

Hina jest powszechnie znana jako lawsone. Głównym składnikiem liści hiny jest kwas hennotanowy; jest to czerwono-pomarańczowy pigment. Pod względem chemicznym kwas hennotanowy jest 2-hydroksy-1,4-naftochinonem. Cząsteczki barwnika mają silną substantywność do włókien białkowych.

Struktura chemiczna kwasu hennotanowego

1.5 Indygo (Indigofera tinctoria)

Jest to nasienie rośliny. W pełni dojrzała roślina ma 0,4% koloru w stosunku do wagi rośliny. Rośliny są namaczane w wodzie do momentu rozpoczęcia fermentacji. Kiedy hydroliza glukozydu jest zakończona, nalewka jest oddzielana od resztek roślinnych. Ekstrakt jest napowietrzany, co powoduje przekształcenie indoksylu w indygotynę, która oddziela się w postaci osadu. Odcień naturalnego indygo jest trudny do dokładnego odtworzenia. Różnorodność odcieni niebieskiego na bawełnie można uzyskać stosując naturalne indygo. Jest to rodzaj barwnika kadziowego i dlatego wymaga kadzenia redukcyjnego z płynnym jiggery i kwasem cytrynowym lub ditionianem.

Prekursorem indygo jest indykan, który jest bezbarwnym związkiem rozpuszczalnym w wodzie. Indykan hydrolizuje w wodzie i uwalnia β-D-glukozę i indoksyl. W wyniku utleniania indoksylu powstaje indygotyna. Średnia wydajność indyganu z rośliny indygo wynosi 0,2-0,8%. Indygo jest również obecne w mięczakach. Mięczaki zawierają mieszaninę indygo i 6,6'-dibromo indygo (czerwony), które razem dają kolor znany jako purpura tyryjska. Podczas barwienia w wyniku działania powietrza, dibromo indygo przekształca się w błękit indygo, a mieszanina daje kolor błękitu królewskiego.

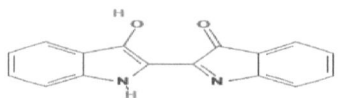

Struktura chemiczna błękitu indygo

1.6 Madder lub manjistha lub Rubia (Rubia tinctorum)

Barwnik uzyskuje się z korzenia rośliny. Korzeń jest szorowany, suszony na słońcu, a następnie gotowany w wodzie w celu ekstrakcji barwnika w roztworze. Barwnik ma kolor czerwony. Bawełna, jedwab i włókna wełniane mogą być barwione madderem w temperaturze 100°C przez okres 60 minut, a następnie roztwór barwnika jest chłodzony. Na wełnie i jedwabiu uzyskuje się jaskrawoczerwony odcień, a na bawełnie - czerwono-fioletowy. Jest to zaprawowy typ barwnika kwasowego z grupami fenolowymi (-OH). Substancją barwiącą w maderze jest alizaryna z grupy antrachinonów. Korzeń rośliny zawiera kilka związków polifenolowych, do których należą 1,3-dihydroksyantrachinon, 1,4-dihydroksyantrachinon, 1,2,4-trihydroksyantrachinon i 1,2-dihydroksyantrachinon.

Struktura chemiczna alizaryny

1.7 Odpady herbaty (Camellia sinensis)

Indie są jednym z największych konsumentów herbaty. Pozostawione odpady herbaty są zbierane w dużych ilościach. Ekstrakt z odpadów herbaty może być stosowany jako naturalny barwnik w połączeniu z różnymi zaprawami, które mogą produkować żółtawo-brązowy do brązowego odcienia. Jest to barwnik zaprawowy. Głównymi składnikami barwiącymi w odpadach herbaty są flawonoidy, flawonole i kwasy fenolowe. Polifenole, które są głównie flawonoli, są znane jako katechiny z epikatechiną i jego pochodnych.

1.8 Krokosz barwierski (Carthamus tinctorius)

Płatki krokosza barwierskiego moczy się w wodzie destylowanej, a następnie gotuje w wodzie przez ponad 2 godziny, i czynność tę powtarza się dwukrotnie. Roztwór jest filtrowany, a filtrat jest suszony próżniowo. Otrzymany proszek ma siłę 20-30%. W barwieniu daje odcień wiśniowo-czerwony do żółtawo-czerwonego. Krokosz barwierski zawiera naturalny pigment o nazwie kartamina. Biosynteza kartaminy odbywa się poprzez chalkon (2,4,6,4-tetrahydroksy chalkon) z dwoma cząsteczkami glukozy, co prowadzi do powstania szafloru A i szafloru B.

Struktura chemiczna kartaminy.

Tea Plant
Camellia sinensis

©the herbal resource

1.9 Drewno sappan (Caesalpinia sappan)

Do ekstrakcji barwnika z drewna sappan stosuje się ekstrakcję wodną. Można również stosować ekstrakcję alkaliczną. Daje on jasny czerwony kolor. W połączeniu z kurkumą daje kolor pomarańczowy, a w połączeniu z katechu - bordowy. Drzewo sappan występuje w Indiach, Malezji i na Filipinach. Pigment barwiący jest podobny do drewna bali. Ten sam barwnik jest również obecny w drewnie brazylijskim.

1.10 Drewno kłodowe (Haematoxylon compechianum)

Barwnik pozyskuje się z pnia drzewa. Łodygi są łamane na małe kawałki i moczone w zimnej wodzie przez kilka godzin, a następnie gotowane. Wyekstrahowany roztwór barwnika jest odcedzany. Naturalny barwnik z drzewa iglastego jest używany do uzyskania czarnego odcienia na wełnie. Drzewa liściaste występują w Meksyku, Ameryce Środkowej i na Wyspach Karaibskich. Znane jest również jako drewno kombuczy. Substancją barwiącą w barwniku naturalnym z drewna bielastego jest hematoksylina, która po utlenieniu w procesie izolacji tworzy hematoksylinę.

Szafran (Crocus sativus) Barwnik pozyskuje się ze słupka kwiatu, który gotuje się w wodzie i wydobywa się z niego kolor. Nadaje on jasny żółty kolor materiałom włókienniczym. Wełna, jedwab i bawełna mogą być barwione szafranem. Zaprawa ałunowa wytwarza pomarańczowożółty odcień, który jest również nazywany żółcią szafranową. Jest on również stosowany jako barwnik spożywczy. Szafran jest rośliną wieloletnią, należącą do rodziny Iridaceae. Wodna struktura molekularna kartaminy (szafran). Struktura molekularna hematoksyliny i braziliny. Rysunek 10. Struktura molekularna hematoksyliny. Chemia i Technologia Barwników i Pigmentów Naturalnych i Syntetycznych 8 ekstrakt z płatków szafranu zawiera 12% barwnika. W skład substancji barwiącej szafranu wchodzą związki fenolowe, flawonoidy i antocyjany. Antocyjanidyny (pelargonidyna) są odpowiedzialne za barwę płatków szafranu. W wyniku utleniania antocyjanidyn powstaje flawonol.

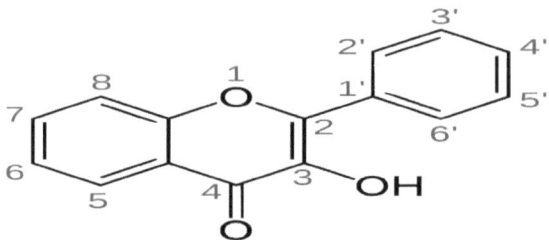

Budowa chemiczna flawonolu.

1.11 Skórka granatu (Punica granatum)

Skórka z odpadków owocu granatu jest używana jako naturalny barwnik. Owoc granatu jest bogaty w naturalne garbniki. Skórka anaru wytwarza barwnik o żółtym zabarwieniu. Ten naturalny barwnik jest stosowany w barwieniu wełny, jedwabiu i włókien bawełnianych. Cząsteczką barwiącą w skórce granatu jest flawogallol, który jest nazywany granatoniną. Występuje ona w postaci alkaloidu (N-metylogranatonina). Skórka granatu jest bogata w garbniki, dlatego jest również używana jako materiał do garbowania.

Struktura chemiczna granatoniny

1.12 Lac owad (Laccifer Lacca Kerr)

Jest to żywiczna wydzielina ochronna owada lac, który działa jako szkodnik na wielu roślinach. Barwnik lakowy można otrzymać przez ekstrakcję szelaku wodą i roztworem węglanu sodu oraz wytrącenie wapnem. Szelak zawiera rozpuszczalny w wodzie czerwony barwnik. Po barwieniu uzyskuje się odcień od szkarłatnego do karmazynowego. Barwnik lac jest otrzymywany z owada o nazwie coccus lacca. Żywica wytwarzana przez owada nazywana jest lakiem pałeczkowym. Barwnik lakowy zawiera kwas lakowy A i B, które są odpowiedzialne za barwę barwnika. Ilość substancji barwiącej (kwasu laksowego) wynosi od 0,5 do 0,75% w stosunku do masy żywicy.

Struktura chemiczna kwasu lakkainowego

1.13 Koszenila (Dactylopius coccus)

Koszenila jest pozyskiwana z owada. Daje piękny karmazynowy, szkarłatny i różowy kolor na bawełnie, wełnie i jedwabiu. Po zaprawieniu ałunem, chromem, żelazem i miedzią uzyskuje się kolor od purpurowego do szarego. Koszenila jest owadem z rodziny łuskoskrzydłych.

z którego pozyskiwany jest naturalny barwnik - karmin. Kwas karminowy pozyskuje się z samic owadów koszenili. W ciele owada znajduje się 19-22% kwasu karminowego.

2. Klasyfikacja barwników naturalnych

2.1 Według składu chemicznego

2.1.1 Klasa indygoidów

Dwa ważne barwniki z tej klasy to błękit indygo i purpura tyryjska. Występuje jako indicant glukozydu w roślinie. Innym niebieskim barwnikiem jest woad, należący do tej samej klasy chemicznej. Struktura chemiczna, która należy do klasy indygo to:

2.1.2 Klasa antrachinonów

Barwniki należące do tej klasy mają strukturę antrachinonu i są pozyskiwane z roślin i owadów. Czerwony odcień jest charakterystyczny dla tej klasy. Madder, lac, kermes i koszenila to tylko niektóre z przykładów.

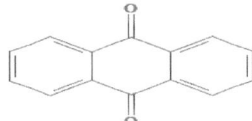

1.8.1 Alfa naftochinon

Barwniki te mają strukturę alfa naftochinonu, jak np. 2-hydroksy 1-4-naftochinon. Hina, lawsone i juglone są przykładami tej klasy. Struktura chemiczna tej klasy to:

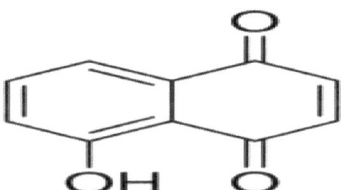

1.8.2 Flavones

Barwniki te mają żółty odcień. Do tej kategorii należy naturalny barwnik weld. Większość z nich to pochodne hydroksylowych i metoksylowych podstawionych flawonów lub izoflawonów. Struktura chemiczna tej klasy barwników to:

1.8.3 Karotenoidy

Do tej klasy należą naturalne barwniki: szafran i annato. Struktura barwników tej klasy posiada długołańcuchowe sprzężone wiązania podwójne. Struktura chemiczna tej klasy to:

1.8.4 Dihydropirany

Barwniki, które należą do tej kategorii to drewno bali i drewno sappan. Drewno bali, naturalny barwnik, daje ciemny czarny odcień na jedwabiu, wełnie i bawełnie.

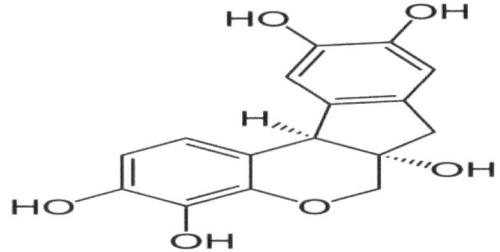

Struktura chemiczna drewna kłodowego

1.8.5 Antocyjanidyny

Do tej kategorii należy naturalny barwnik carajurin. Z tej klasy uzyskuje się odcienie niebieskiego i pomarańczowego.

Struktura chemiczna karajuryny

Chemia barwników naturalnych

Różne barwniki naturalne zawierają różne grupy chromoforowe i auksochromowe. W zależności od obecności danej grupy w strukturze barwnika, chemia barwników może być wyjaśniona w kategoriach ich grup chromoforowych. Różne struktury barwników i grupy chromoforowe są jak wyjaśniono.

2.2.1 Struktura oparta na kwinoidach

Struktura barwników na bazie chinidów może być przedstawiona jako trzy struktury chemiczne (a) benzochinon, (b) naftochinon i (c) antrachinon. Naturalny barwnik kartamina należy do grupy benzochinonów, a juglon i lawsone mają strukturę naftochinonu. Barwnik alizarynowy posiada strukturę antrachinonową.

2.2.1.1 Barwniki benzochinonowe

W strukturze tego barwnika układ elektronowy л jest niewielki, a barwnik zawiera jeszcze jedną grupę nienasyconą w koniugacji z układem elektronowym л.

Struktura karotenoidów.

Kartamina jest obecna w krokoszu barwierskim (Naturalna czerwień 26). Krokosz barwierski (Carthamus tinctorius) jest rośliną subtropikalną, uprawianą w Indiach, Chinach, Ameryce Północnej i Południowej oraz w Europie. W barwieniu rozpuszczalny w wodzie żółty barwnik (szaflorz żółty) jest ekstrahowany [18] zimną wodą, a następnie czerwony szaflorz jest ekstrahowany rozcieńczonym roztworem węglanu sodu. Po zobojętnieniu wyekstrahowanego roztworu może być stosowany w barwieniu wełny, jedwabiu i bawełny.

2.2.1.2 Barwniki naftochinonowe

Do tej kategorii należą barwniki naturalne Lawsone i juglon. Lawsone jest pozyskiwany z rośliny hina; liście zawierają również flawonoidalne barwniki lutcoliny. Jest on uprawiany w krajach takich jak Indie, Afryka i Australia. Naphthoquinone występuje w formie glikozydowej [19, 20] nazwanej Hennosid. Analiza ilościowa lawsonu może być przeprowadzona metodą wysokosprawnej chromatografii cieczowej na kolumnie C18 z fazą odwróconą. Liście hiny ekstrahowane chloroformem analizowano za pomocą wysokosprawnej chromatografii cienkowarstwowej.

2.2.1.2.1 Lawsone

Lawsone tworzą kompleksy 1:2 z Fe(II) i Mn(II) i są przydatne w barwieniu wełny i włókien jedwabiu. Lepsze wchłanianie barwnika uzyskuje się przy pH 3,0. Agarwal et al. [21] badali wpływ różnych zapraw i różnych metod zaprawiania w celu uzyskania różnych odcieni. Hina może być stosowana do barwienia bawełny, poliestru, poliamidu i trójoctanu celulozy, ponieważ struktura cząsteczek barwnika jest podobna do barwników dyspersyjnych [22-24].

2.2.1.2.2 Juglon

Juglon jest przedstawicielem naturalnych barwników o strukturze naftochinonu. Barwnik ten jest pozyskiwany z różnych części drzew orzechowych. Juglon występuje w drzewach i roślinach w postaci glikozydów. Wełna farbowana juglonem ma dobrą odporność na mole i owady. Zabieg zaprawiania dodatkowo zwiększa właściwości odpornościowe. Barwienie materiałów włókienniczych wodnym ekstraktem z orzecha włoskiego daje brązowy odcień. Szeroka gama włókien tekstylnych, np. wełna, jedwab, nylon i poliester, może być barwiona juglonem.

2.2.1.3 Antrachinon

Posiada największą grupę barwników antrachinonowych. Rabarbar (CI Natural Yellow 23) pozyskiwany jest z korzenia rośliny. Wyekstrahowany barwnik zawiera emodynę, chryzofenol, emodynę aloesową i pyscion.

Emodin

Aloe-emodin

Ekstrakt z rabarbaru jest stosowany w barwieniu włókien wełnianych [25]. Po zaprawieniu ałunem daje on odcień żółty do pomarańczowego. Zabieg zaprawiania poprawia światłotrwałość barwionych materiałów. Naturalne barwniki alizaryna, pseudopurpuryna i purpuryna należą do roślin z rodziny Rubiaceae i mają strukturę antrachinonową [26].

Barwnik otrzymuje się z korzenia rośliny. Barwnik naturalny madder (C.I Natural Red 8) wytwarza czerwony barwnik; uprawa madderu jest prowadzona w Europie, Azji oraz Ameryce Północnej i Południowej jako materiał źródłowy dla czerwonego barwnika. Barwnik pozyskuje się z wysuszonych korzeni rośliny. Korzenie rośliny zawierają 2-3,0% glukozydów di- i tri-hydroksylowych antrachinonu.

2.2.2 Karotenoidy

Karotenoidy to czerwone, żółte i pomarańczowe pigmenty występujące w roślinach i zwierzętach [17]. Mają strukturę poliizoprenoidową z szeregiem centralnie położonych wiązań sprzężonych. Jaskrawe kolory wielu owoców i warzyw zawdzięczamy karotenoidom. Karotenoidy są strukturą poliizoprenoidową, zawierającą sprzężone wiązania podwójne, które pełnią rolę chromoforu i odpowiadają za charakterystyczne widma absorpcyjne.

Astaxanthin (3,3'-dihydroxy-β,β-carotene-4,4'-dione)

Canthaxanthin (β,β-carotene-4,4'-dione)

Echinenone (β,β-caroten-4-one)

Karotenoidy dzielą się na dwie części: a. Karotenoidy węglowodorowe b. Karotenoidy zawierające tlen zwane ksantofilami Zmiany strukturalne poprzez uwodornienie, migrację wiązań podwójnych, izomeryzację oraz wydłużanie i skracanie łańcuchów doprowadziły do powstania wielu struktur karotenoidów. Karotenoidy posiadają silną odporność na promieniowanie UV, a β karoten jest typową strukturą powszechnie występującą w naturalnych barwnikach.

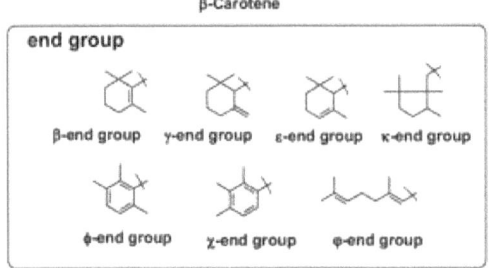

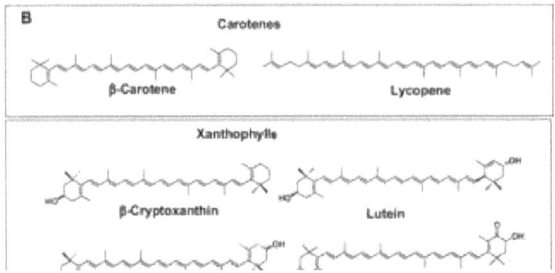

Barwniki pyronowe zawierają flawonoidy i antocyjany o strukturze:

Struktura pironowa jest związana z różnymi cukrami za pomocą wiązań glikozydowych [17]. Flawonoidy są klasyfikowane jako flawonole, flawony, antocyjanidyny, izoflawony, flawon-3,4-diole i kumaryny. Żółte flawony i flawonole stosowane są jako barwniki roślinne. Cennym i bardzo popularnym flawonoidem jest żółta kwercetyna, która posiada szereg właściwości biologicznych.

2.2.2.2 Antocyjany

Antocyjany występują w owocach i warzywach; niektóre z nich to wino gronowe, słodkie i kwaśne wiśnie, czerwona kapusta, hibiskus i różne odmiany pomarańczy. Istnieje ponad 500 odmian antocyjanów, które wytwarzają czerwone, różowe, fioletowe i pomarańczowe kolory. Istnieje kilka ważnych antocyjanów, które są cyjanidyna, delphinidin, pelargonidin, malvidin, peonidin i petunidin. Wiele roślin oprócz antocyjanów zawiera również kwercetynę i chlorofile, a uzyskany kolor jest mieszanką wszystkich tych substancji.

1.8.6 Barwniki z porostów i grzybów

Barwniki fioletowe i purpurowe pozyskiwano na ogół z mięczaków i skorupiaków, były one źródłem barwników od czasów starożytnych do początków średniowiecza. Royale purple i Tyrian purple to nazwy barwników otrzymywanych pierwotnie z mięczaków [27]. Źródłem naturalnych barwników są porosty i grzyby, które wytwarzają barwy fioletowe i purpurowe. Porosty występują na terenach nadmorskich i były łatwiejsze do zebrania. Metody barwienia porostów są łatwe, jednak wadą związaną z porostami jest słaba odporność na światło. Dlatego też barwienie porostów ogranicza się do tanich tkanin wysokiej jakości. Grzyby są również wykorzystywane do barwienia tekstyliów. W Ameryce i Indiach czerwony kolor uzyskuje się z grzyba Echinodontium tinctorium. We Włoszech i Francji do barwienia wełny używano grzybów otrzymywanych z Polyporales. Barwnikami w porostach i grzybach są pochodne benzochinonu, zwłaszcza terfenylochinonu. Niektóre z tych gatunków posiadają takie związki, jak Sarcodon, Phellodon, Hydnellum i Thelephora [28, 29]. Orchil i lakmus to barwniki, które są odpowiedzialne za barwę w porostach. Barwa porostów jest wytwarzana przez związki wstępne orchilu i lakmusu w wyniku następujących po sobie reakcji, odpowiednio:

enzymatycznej, hydrolizy, dekarboksylacji i utleniania [30]. Następnie niektóre związki wstępne, takie jak kwas lekanorowy, atranoryna i kwas żyroforowy, biorą udział w tworzeniu orchilu i lakmusu:

W przeszłości ekstrakcję barwników z porostów przeprowadzano poprzez przetrzymywanie porostów w wodzie z amoniakiem przez kilka dni. Reakcja zachodziła w wyniku hydrolizy enzymatycznej, w której związki niebarwnikowe, takie jak kwas lekanorowy, są przekształcane w orcynol w wyniku hydrolizy i dekarboksylacji. Orcynol po utlenieniu tworzy purpurowe orceiny lub lakmus. Barwa zarówno lakmusu jak i orcinolu zależy od pH roztworu [30]. W pH kwaśnym barwnik tworzy czerwony kation, a w pH zasadowym niebieskofioletowy anion. Porosty należące do gatunków Parmelia, Xanthoria parietina, Ochrolechia tartarea i Lasallia pustulata są zdolne do wytwarzania żółtawych, brązowawych i czerwonobrązowych barw w barwieniu wełny porostami [31]. Barwienie odbywa się poprzez gotowanie wełny z roztworem porostów, zarówno wstępnie zaprawionej, jak i bez zaprawiania, w obecności amoniaku.

Grzyby należące do gatunków Sarcodon, Phellodon i Hydlnellum zawierają jako główne barwniki związki terfenylochinonowe, które powodują niebieskie zabarwienie grzybów. Są one pochodnymi benzochinonu. Grzyby z gatunku Cortinarius są bogato zabarwione na kolor brązowy, czerwony, oliwkowo-zielony i fioletowy. Są to pochodne antrachinonu.

1.8.7 Garbniki

Taniny są polimerycznymi polifenolami o typowej budowie pierścienia aromatycznego ze składnikami hydroksylowymi i mają stosunkowo dużą masę cząsteczkową. W roślinach występują dwie różne grupy tanin: (a) taniny hydrolizowalne i (b) proantocyjanidyny (tanina skondensowana) [32, 33]. Garbniki występują w komórce roślinnej i są skoncentrowane w tkankach epidermalnych. Taniny znajdują się w drewnie, liściach, pąkach, łodygach, kwiatach i korzeniach [34]. Hydrolizowalne garbniki są skoncentrowane w korzeniach wielu roślin. Rośliny są źródłem różnych odmian garbników. Trzy główne garbniki (garbniki hydrolizowalne) są zgrupowane jako galotaniny [35] lub ellagitaniny, które są kwasem galusowym lub kwasem elagowym. Najbardziej rozpowszechnionymi galotaninami są pentagalloiloglukozy. Ellagitanniny są estrami kwasów heksahydroksydifenowych. Kwas galusowy i kwas heksahydroksydifenowy występują razem w niektórych garbnikach hydrolizowalnych [36].

Taniny skondensowane są polimerami 15-węglowych jednostek monomeru polihydroksyflawan-3-olu, takich jak (-) epikatechina lub (+) katechina. Złożona natura chemiczna tanin sprawia, że ich biosynteza i polimeryzacja jest trudnym zadaniem; istnieją jednak pewne ustalone ścieżki biosyntezy. Prekursorem do biosyntezy hydrolizowalnych tanin jest kwas szikimowy. W wyniku bezpośredniej aromatyzacji kwasu 3-dehydroshikimowego powstaje kwas galusowy, który po estryfikacji tworzy poliol. Biosynteza tanin skondensowanych zachodzi na dwa sposoby (a) na drodze fenylopropanoidowej i (b) na drodze poliketydowej. Szlak poliketydowy pobiera cząsteczki malonylowe do tworzenia pierścienia aromatycznego w biosyntezie flawonoidów. Szlak fenylopropanoidowy pobiera aromatyczny aminokwas, L-fenyloalaninę, która jest nieutleniająco deaminowana do E-cynamonu przez amoniakalną liazę fenyloalaniny.

1.9 Według odcienia lub koloru wytworzonego

Klasyfikacja barwników naturalnych odbywa się również w zależności od odcienia koloru. Niektóre ważne barwniki naturalne dające barwy podstawowe i drugorzędne to: a. Czerwony: Indeks kolorów ma 32 czerwone barwniki naturalne. Wyróżniającymi się członkami są maddar, manjistha, drewno brazylijskie, Morinda, koszenila i barwniki lakowe. b. Niebieski: Istnieją cztery naturalne barwniki niebieskie. Niektóre wybitne kolory to indygo, Kumbh i kwiaty japońskiego Tsuykusa. Naturalny błękit indygo jest znany od bardzo dawnych czasów do barwienia bawełny i wełny. c. Żółty: Istnieje 28 żółtych naturalnych barwników, które są używane w barwieniu wełny, jedwabiu i bawełny. Znakomitymi przykładami są berberys, kwiaty tesu, Kamala, kurkuma i nagietek. d. Zielony: Rośliny, które dają zielony kolor naturalny są bardzo rzadkie; są one wykonane przez mieszanie żółtych i niebieskich kolorów podstawowych. Woad i indygo produkują zielony kolor. e. Czarny i brązowy: Istnieje sześć czarnych barwników naturalnych. Do produkcji brązowego odcienia używa się kutneru; do uzyskania czarnego odcienia używa się laku, węgla i karmelu.

.Pomarańczowy: Naturalne barwniki, które produkują czerwony i żółty kolor są używane do produkcji pomarańczowego odcienia. Barbeny i annatto są przykładami pomarańczowego koloru.

Klasyfikacja na podstawie aplikacji

Barwniki kadziowe:

Indygo jest barwnikiem nierozpuszczalnym w wodzie, a przed zastosowaniem jest rozpuszczane w wodzie.

Rozpuszczanie naturalnego indygo odbywa się za pomocą wodorosiarczynu sodu i wodorotlenku sodu. Po rozpuszczeniu nakłada się go na włókno celulozowe, a po barwieniu rozwój koloru następuje przez utlenianie nadtlenkiem wodoru. Barwnik indygo jest przedstawicielem klasy indygoidalnych barwników kadziowych b.

Barwniki bezpośrednie:

Barwniki naturalne, które są rozpuszczalne w wodzie, mają długą i planarną budowę cząsteczkową oraz obecność wiązań sprzężonych (pojedynczych i podwójnych) mogą być stosowane metodą barwienia bezpośredniego. Cząsteczki barwników mogą zawierać grupy aminowe, hydroksylowe i sulfonowe. Kurkuma, Harda, skórka granatu i annato mogą być stosowane metodą barwienia bezpośredniego. W celu lepszego usunięcia barwników stosuje się sól kuchenną. Temperatura barwienia jest utrzymywana na poziomie 100°C. c. Barwniki kwasowe: Cząsteczki barwników posiadają w swojej strukturze grupy sulfonowe lub karboksylowe, które powodują powinowactwo do włókien wełny i jedwabiu. Barwienie odbywa się przy kwaśnym pH 4,5-5,5. Po barwieniu poprawę trwałości uzyskuje się za pomocą kwasu taninowego. Barwienie wełny i jedwabiu szafranem odbywa się metodą barwienia kwasowego. Obecność soli kuchennej w kąpieli barwiącej daje efekt wyrównujący.

Barwniki podstawowe:

Cząsteczki barwnika po rozpuszczeniu w wodzie o kwaśnym pH wytwarzają barwny kation. Cząsteczki barwnika zawierają grupy -NH2 i reagują z grupami - COOH wełny i jedwabiu. pH kąpieli barwiącej utrzymuje się na poziomie 4-5 przez dodanie kwasu octowego.

3. Ekstrakcja barwników naturalnych

Ilość naturalnych barwników obecnych w produktach naturalnych jest bardzo mała [11, 37]. Wymagają one specjalnych technik usuwania barwników z ich oryginalnego źródła. Istnieją pewne metody, które są odpowiednie do ekstrakcji barwników naturalnych z ich materiałów źródłowych [28]; różne metody ekstrakcji są następujące:

3.1 Ekstrakcja wodna

W tej metodzie, materiały zawierające barwnik są łamane na małe kawałki lub sproszkowane, a następnie moczone w wodzie przez noc. Następnie jest ona gotowana i filtrowana w celu usunięcia materiałów nie zawierających barwnika. Czasami do usuwania drobnych zanieczyszczeń stosuje się również filtry tryskaczowe. Wadą tej techniki jest to, że podczas gotowania część barwnika ulega rozkładowi. Dlatego te barwniki, które nie rozkładają się w temperaturze wrzenia są odpowiednie dla tej metody. Cząsteczki powinny być rozpuszczalne w wodzie.

3.2 Ekstrakcja kwasowa i alkaliczna

Większość barwników naturalnych to glikozydy; można je ekstrahować w warunkach kwaśnych lub zasadowych. Metoda kwaśnej hydrolizy jest stosowana do ekstrakcji naturalnego barwnika tesu z kwiatu tesu. Roztwór alkaliczny jest odpowiedni dla tych barwników, które w swojej strukturze zawierają grupy fenolowe. Tą metodą można ekstrahować barwniki z nasion annato. Metodą tą ekstrahuje się również barwnik lakowy z owadów lakowych oraz barwnik czerwony z krokosza barwierskiego.

3.3 Ultradźwiękowa ekstrakcja mikrofalowa

Fale mikrofalowe i ultradźwiękowe są pomocne w ekstrakcji barwników naturalnych. Technika ta ma kilka zalet w porównaniu z ekstrakcją wodną. W tej technice do ekstrakcji wymagana jest mniejsza ilość rozpuszczalnika (wody). Obróbka odbywa się w niższej temperaturze i w krótszym czasie w porównaniu z ekstrakcją wodną. W wodnym roztworze barwnika naturalnego wysyłane są ultradźwięki i mikrofale, które przyspieszają proces ekstrakcji.

3.4 Przez fermentację

W obecności bio-enzymów fermentacja naturalnych substancji barwiących przebiega szybciej i następuje ekstrakcja naturalnych barwników. Ekstrakcja indygo jest najlepszym przykładem ekstrakcji metodą fermentacyjną. Enzymy rozkładają glukozyd indicanu na glukozę i indoksyl przez enzym indimulsynę. Ekstrakcja naturalnego barwnika Amatto jest również przeprowadzana metodą enzymatyczną. Celuloza, amyloza i pektynazy mają zastosowanie w ekstrakcji naturalnych barwników z kory, łodygi i korzeni.

3.5 Ekstrakcja rozpuszczalnikiem

Do ekstrakcji barwników naturalnych stosuje się rozpuszczalniki organiczne, takie jak aceton, nafta, eter, chloroform i etanol. Jest to bardzo opłacalna technika w porównaniu do ekstrakcji wodnej. Wydajność barwnika jest dobra, a ilość wymaganej wody mniejsza. Ekstrakcja odbywa się w niższej temperaturze.

4. Charakterystyka barwników naturalnych

Aby z powodzeniem stosować barwniki naturalne w celach komercyjnych, należy opracować standaryzowaną technikę barwienia, do czego niezbędna jest charakterystyka barwników naturalnych.

4.1 Spektroskopia UV-visible

Jest ona przydatna w charakteryzowaniu koloru pod względem długości fali o maksymalnej absorpcji i dominującego odcienia. Zastosowanie charakterystyki UV polega na określeniu zdolności cząsteczek barwników do absorpcji promieniowania UV oraz charakterystyki blaknięcia barwników. Niektórzy badacze [38] przeprowadzili analizę UV barwników naturalnych. Mathur et al. [9] badali widmo UV kory neem, i ma ona dwa maksima absorpcji przy 275 i 374 nm. Beat sugar [39] pokazuje ich pasma absorpcji przy 220, 270 i 530 nm. Gulrajani et al. [40] badali pasma absorpcji ratanjot i zaobserwowali, że w kwaśnym pH absorpcja występuje przy 520-525 nm, a w zasadowym pH przy 610-615 nm. Drewno sandałowca czerwonego [41] wykazuje silny pik absorpcji przy 288 nm oraz maksimum absorpcji przy 504 i 474 nm w roztworze metanolu przy pH 10. Kwiat Gomphrena globosa ma pik przy 533 nm. Barwnik nie wykazuje różnicy w wartości piku przy pH 4 i 7 w obszarze widzialnym, jednak przesunął się w kierunku 554 nm [42]. Bhuyan i wsp. badali absorpcję barwnika ekstrahowanego z Mimusops elengi i Terminalia arjun i stwierdzili, że barwnik absorbowany przez włókno waha się od 21,94 do 27,46% i od 5,18 do 10,78%, odpowiednio, w zależności od stężenia kąpieli [43-45]. Podał on również absorpcję barwnika ekstrahowanego z korzeni Morinda angustifolia Roxb przy użyciu ekstraktu benzenowego. Barwnik ten wykazuje absorpcję przy 446, 299, 291, 265,5 i 232 nm. Chemia i Technologia Barwników i Pigmentów Naturalnych i Syntetycznych 20 Wartość długości fali maksymalnej absorpcji dla danego barwnika zależy od budowy chemicznej cząsteczek barwnika, która jest zmienna i zależy od środowiska wzrostu danego barwnika naturalnego. Charakterystyka danego barwnika jest pomocna w określeniu jego odcienia.

4.2 Technika chromatograficzna

Chromatografia cienkowarstwowa jest stosowana do identyfikacji różnych składników barwnych w barwnikach naturalnych. Koren [46] analizował barwnik owadowy, madder i indygoid. Guinot [47] analizował rośliny zawierające związki barwne z grupy flawonoidów. Balakina [48] analizowała ilościowo i jakościowo czerwone barwniki takie jak alizaryna, purpuryna i kwas karminowy za pomocą wysokosprawnej chromatografii cieczowej. Mc Goven [49] i wsp. zidentyfikowali barwniki usunięte z włókien wełny za pomocą HPLC z kolumną C18. Szostek [50] i wsp. badali retencję kwasu karminowego, indygotyny, korcetyny, kwasu gamboginowego, alizaryny, flawonoidu, antrachinonu i purpuryny. Badał badanie wyblakłych barwników za pomocą widm emisyjnych i absorpcyjnych metodą nieniszczącą. Cristea [51] i wsp. przeprowadzili analizę ilościową zgrzewu metodą HPLC i poinformowali, że po 15 min. ekstrakcji w mieszaninie metanol/woda, otrzymano 0,448% luteoliny, 0,357% 7-glukozydu luteoliny i 0,233% 3'7 diglukozydu luteoliny. Son i wsp. [52] przedstawili analizę dłuższego czasu barwienia indygo i jego wpływu na zmiany strukturalne cząsteczek barwnika poprzez analizę HPLC. Do analizy barwnika annato zastosowano spektroskopię pochodną i HPLC, a przygotowanie próbki obejmowało ekstrakcję acetonem w obecności HCl i usunięcie wody przez odparowanie etanolem.

Pozostałość rozpuszczano w mieszaninie chloroformu i kwasu octowego do spektroskopii pochodnych lub z acetonem do HPLC. 5. Teoria barwienia Barwniki naturalne są bardzo przydatne do barwienia włókien białkowych w porównaniu z włóknami celulozowymi. Włókna syntetyczne, które zawierają grupy polarne, takie jak nylon, akryl i wiskoza są również dostępne dla barwników naturalnych. Barwniki naturalne są termo niestabilne i mają słabą stabilność chemiczną, co sprawia, że nie nadają się do barwienia w wysokiej temperaturze i pod wysokim ciśnieniem. Obecność wiązań wodorowych i siły przyciągania Van der Waalsa odgrywają ważną rolę w utrwalaniu barwników naturalnych na włóknach. Barwniki naturalne mają niską wartość wyczerpywania się z powodu słabego powinowactwa do materiałów włóknistych, więc aby zwiększyć wyczerpywanie się barwników, do kąpieli barwiącej dodaje się sól kuchenną/sól Glabera. Izoterma sorpcji barwników naturalnych jest zgodna z izotermą Nernsta [17, 53, 54]. Barwniki naturalne wykazują słabe powinowactwo i substantywność [55, 56] do włókien celulozowych, takich jak bawełna i wiskoza. Brak grup reaktywnych we włóknach i barwnikach nie pozwala na tworzenie wiązań, dlatego wymagają one zaprawiania w celu utrwalenia barwnika na powierzchni włókna. Włókna białkowe posiadają w strukturze włókna grupy tworzące wiązania, a obecność grup karboksylowych w barwnikach naturalnych zapewnia wiązanie i wiąże się z włóknem, wykazując dobre właściwości trwałościowe. Barwniki naturalne mają mniejszy rozmiar cząsteczki i nie mają sprzężonej struktury liniowej [57]. Dlatego barwniki naturalne mają gorsze właściwości wyczerpywania się. Czasami stosuje się również sól - chlorek sodu, aby poprawić % wyczerpania barwnika.

Zastosowanie barwników naturalnych

Różni badacze zaproponowali różne metody barwienia włókien naturalnych i syntetycznych barwnikami naturalnymi. Barwienie podłoży włókienniczych zależy od parametrów barwienia, którymi są: struktura włókna, temperatura, czas i pH kąpieli barwiącej oraz charakterystyka cząsteczek barwnika. Właściwości trwałościowe barwników na podłożach włókienniczych zależą od wiązania barwników z włóknem.

Ponieważ barwniki naturalne pozbawione są grup aktywnych umożliwiających tworzenie wiązań z włóknami tekstylnymi, ich trwałość nie jest zbyt dobra. Włókna celulozowe są trudne do barwienia barwnikami naturalnymi, ponieważ mają słabe powinowactwo i substantywność. Brak wiązania barwników naturalnych z włóknami celulozowymi wymaga zaprawiania. Włókna białkowe posiadają grupy jonowe i łączą się z barwnikami naturalnymi posiadającymi w strukturze barwnika grupy jonowe. Barwienie włókien białkowych może być wykonane metodą wyciągową. Parametry procesu barwienia wełny i jedwabiu to pH 4,5-5,5 i temperatura barwienia 80-90°C. Stopień wyczerpania % barwników w barwieniu jest bardzo słaby.

Dłuższy stosunek cieczy może być preferowany z powodu słabej rozpuszczalności barwników naturalnych w wodzie. Do barwienia wełny i jedwabiu odpowiednie są barwiarki wykonane ze stali nierdzewnej. Ponieważ barwniki naturalne mają słabe powinowactwo do włókien celulozowych i ze względu na słabe wyczerpywanie się, przeprowadza się zabieg zaprawiania [29, 58] w celu utrwalenia barwników na włóknach celulozowych. Barwienie włókien celulozowych można przeprowadzać w temperaturze 80-90°C. Wyczerpywanie barwników można zwiększyć przez dodanie do kąpieli barwiącej środków wyczerpujących, chlorku sodu lub soli Glaubera. Większość barwień przeprowadza się przy neutralnym pH. Barwienie bawełny naturalnym indygo przeprowadza się przy zasadowym pH w obecności wodorosiarczynu sodu w pojemniku wykonanym ze stali nierdzewnej.

Barwienie tkanin bawełnianych barwnikami naturalnymi

Istnieje standardowy, oparty na recepturze proces barwienia włókien bawełnianych, przędzy i tkanin. Ważnymi zabiegami wstępnymi przed barwieniem są: odbarwianie (odbarwianie kwasem lub enzymatyczne), szorowanie (wodorotlenek sodu i środki pomocnicze) oraz bielenie nadtlenkiem wodoru (H_2O_2).

W pełni przygotowana tkanina, wolna od wszelkich zanieczyszczeń i absorbentów, jest wstępnie zaprawiana (pojedyncza lub podwójna zaprawa, w pojedynczej albo harda albo siarczan glinu, w podwójnej kolejno obie) siarczanem glinu. Po zaprawieniu zaprawiona tkanina jest przepuszczana przez wodny roztwór barwników naturalnych. Parametry barwienia będą następujące: - Czas barwienia = 60-120 min. Temperatura barwienia = 70-100°C - Stosunek M:L w kąpieli = 1:20-1:30 - Ilość barwnika w kąpieli = 10-50% (w stosunku do masy materiału) - Stężenie soli kuchennej = 5-20 g/l - pH kąpieli barwiącej = 10-11 Po barwieniu przeprowadza się mydlenie w celu usunięcia z powierzchni tkaniny resztek/niereaktywnych barwników i pomocniczych środków chemicznych. Może być pożądana dodatkowa obróbka barwnikiem naturalnym i środkiem utrwalającym.

Barwienie włókien białkowych

Wełna i jedwab są włóknami białkowymi; oba włókna mają złożoną strukturę chemiczną i są podatne na działanic alkaliów. Alkaliczne pII roztworu wodncgo uszkadza włókno. Przy izoelektrycznym pH 5,0 wełna jest neutralna, a jedwab lekko dodatni. Wełna i jedwab mogą być barwione barwnikami naturalnymi poprzez zaprawianie wstępne lub po zaprawieniu. Zaprawianie odbywa się za pomocą bogatych w garbniki substancji chemicznych pochodzenia naturalnego, takich jak harda lub sól metalu - siarczan glinu lub siarczan żelaza. Przy zaprawianiu wstępnym tkaninę poddaje się działaniu harda lub siarczanu glinowo-metalowego (pojedynczego lub podwójnego) o stężeniu 5-20% (w stosunku do masy materiału) w temperaturze 80-90°C przez 30-40 min. Stosunek M:L utrzymuje się w granicach 1:5-1:20. Po zaprawieniu można poddać je suszeniu, a następnie zanurzyć w kąpieli barwiącej zawierającej wodny roztwór barwnika naturalnego. Zachowano następujące parametry barwienia: - pH kąpieli barwiącej = 4-5 - Temperatura barwienia = 80-90°C. - Czas barwienia = 50-60 min.

Stosunek M:L kąpieli = 1:20-1:30 - Ilość barwnika w kąpieli = 10-50% (w stosunku do wagi materiału) Po barwieniu przeprowadza się mydlenie w celu usunięcia z powierzchni tkaniny pozostałości/niereagujących barwników i pomocniczych środków chemicznych. Może być pożądane zastosowanie po barwieniu naturalnego środka utrwalającego barwniki.

Barwienie włókien syntetycznych

Różne włókna syntetyczne, takie jak nylon, poliester i akryl można barwić barwnikami naturalnymi, takimi jak wyciąg ze skórki cebuli, wyciąg z kory babool i hina. Barwienie może być wykonane metodą paddingu (cold pad batch) lub metodą wyciągu z zaprawą lub bez. Barwienie przeprowadza się przy kwaśnym pH. Barwienie wysokotemperaturowe i wysokociśnieniowe daje lepsze wyniki pod względem siły koloru niż inne metody barwienia.

Utrwalanie barwników naturalnych

Barwniki naturalne mają słabe powinowactwo i substantywność do materiałów włókienniczych. Grupy wiążące nie są obecne w barwnikach naturalnych, dlatego większość barwników naturalnych ma słabą odporność na pranie. Utrwalenie barwników naturalnych na materiałach włókienniczych można przeprowadzić za pomocą zapraw. Zaprawiacze to środki pomocnicze w barwieniu, które są solami (chlorki i siarczany) metali ciężkich. Metale ciężkie Al, Cr, Cu i Sn mają wolne orbitale d i łatwo tworzą wiązania koordynacyjne z naturalnymi barwnikami i miejscami aktywnymi we włóknach. Powstały kompleks ma przesunięcie batochromowe i hiperchromowe. Istnieją różne rodzaje zapraw, takie jak zaprawy metaliczne, garbniki i kwas garbnikowy oraz zaprawy olejowe. Różne sole metali ciężkich działają jako czynniki kompleksujące i chelatują z naturalnymi barwnikami. Niektóre sole metaliczne są toksyczne w przyrodzie, ale nawet po tym, mają zastosowanie w utrwalaniu barwników naturalnych. Różne zaprawy to: a. Najbardziej kontrowersyjne są sole ołowiu i chromiany (dichromian potasu, sodu, amonu). b. Sól $SnCl_2$ również działa jako zaprawa. Jest rozpuszczalna w wodzie, posiada właściwości redukujące. Jest toksyczna w przyrodzie. c. Cząsteczki siarczanu miedzi ($CuSO_4 5H_2O$) i siarczanu żelaza

(FeSO47 H2O) są również używane jako zaprawa. Są one dobrymi czynnikami chelatującymi. d. Garbniki są związkami polifenolowymi i są w stanie tworzyć kompleksy z metalami i wiązać się z substancjami organicznymi, takimi jak białka, alkaloidy i węglowodany. Garbniki są również nazywane bio-mordantami. Taniny mogą być stosowane samodzielnie lub w połączeniu z solami metali. Grupy fenolowe tanin mogą tworzyć efektywne wiązania z cząsteczkami włókien i barwników naturalnych.

Zaprawy metaliczne

Jako zaprawę stosuje się sole metali: glinu, chromu, żelaza i miedzi. Ważnymi zaprawami są dichromian potasu, siarczan żelazawy, siarczan miedziowy, chlorek cyny i chlorek cyny.

Garbniki i kwas taninowy

Garbniki otrzymuje się z wydzielin kory i innych części, np. liści i owoców rośliny. Ekstrakty stosuje się bezpośrednio lub w postaci stężonej. Wiele substancji zawierających taniny jest stosowanych jako zaprawy w barwieniu włókien tekstylnych.

Zaprawy olejowe

Zaprawy olejowe są stosowane w barwieniu madery. Zaprawy olejowe tworzą kompleks z ałunem stosowanym w procesie zaprawiania. Atom metalu łączy się z grupami karboksylowymi oleju i związanego metalu następnie tworzy wiązanie z cząsteczkami barwnika, i w ten sposób można osiągnąć doskonałą odporność na pranie. 6.6 Proces zaprawiania a. Zaprawianie wstępne: W procesie zaprawiania wstępnego, zaprawianie odbywa się przed barwieniem; następnie tkanina jest barwiona barwnikiem naturalnym w środowisku wodnym. Jest to proces dwukąpielowy, w którym pierwsza kąpiel służy do zaprawiania tkaniny, a w drugiej kąpieli przeprowadza się barwienie barwnikami naturalnymi. Barwienie i zaprawianie przeprowadza się w tej samej temperaturze 60-70°C. Zaprawy są środkami kompleksującymi i jeśli zostaną umieszczone w tej samej kąpieli, mogą reagować ze sobą i może dojść do wytrącenia barwników. To pogarsza właściwości wytrzymałościowe barwionych tkanin. b. Metamordancja: W obróbce metamordancyjnej, chemikalia zaprawiające są dodawane do barwnika naturalnego w tej samej kąpieli barwiącej; barwienie i zaprawianie odbywają się jednocześnie. Temperatura zaprawiania i barwienia wynosi 80-90°C. c. Po zaprawianiu: W obróbce po zaprawianiu [53, 54] najpierw przeprowadza się barwienie tkaniny, a następnie w tej samej kąpieli dodaje się związki zaprawiające. Temperatura chromianowania wynosi 80-90°C. Po chromianowaniu temperaturę obniża się do 60°C, a wyroby prowadzi się przez 15 minut, po czym odsącza się ciecz. Stosowanie barwników naturalnych na materiałach celulozowych odbywa się metodą prania na mokro i prania na sucho z parą. Nie zaleca się utwardzania w wysokich temperaturach, ponieważ cząsteczki barwnika są podatne na rozkład. Barwienie włókien i przędzy może być również wykonywane przy użyciu barwników naturalnych, podobnie jak w przypadku stosowania barwników syntetycznych.

5. Właściwości trwałościowe barwników naturalnych

Parametrem jakościowym w barwieniu są właściwości odpornościowe. Opisano kilka metod badawczych umożliwiających dostęp do trwałości kolorów. Właściwości trwałości dają pojęcie o jakości barwienia. W przypadku barwników naturalnych, właściwości trwałości są silnie związane z rodzajem podłoża i zaprawą użytą do utrwalenia barwnika. Oprócz samego barwnika na właściwości odpornościowe wpływa wiele czynników, takich jak woda, chemikalia, temperatura, wilgotność, światło, obróbka wstępna, obróbka dodatkowa, rozmieszczenie barwnika we włóknie i utrwalenie barwnika.

W barwieniu naturalnym barwy i trwałość barwników naturalnych wymagają szczególnej uwagi przy starannym doborze materiałów i procesu. Barwniki naturalne były w użyciu do końca XIX wieku. W tym czasie barwienie barwnikami naturalnymi było u szczytu popularności z doskonałymi właściwościami trwałości; jednak po wprowadzeniu barwników syntetycznych w XIX wieku, biegłość w barwieniu naturalnym zaczęła spadać. Różne właściwości trwałościowe barwników wskazują na odporność barwników na różne środowiska zewnętrzne, w których wystawione są tkaniny zawierające barwniki. Właściwości trwałościowe barwników zależą od struktury barwników, ekspozycji na środowisko oraz zastosowanych polepszaczy trwałości i rodzaju zaprawy. Istnieje potrzeba poszukiwania naturalnych środków polepszających odporność na światło i pranie.

5.1 Odporność na światło

Światłotrwałość barwników naturalnych jest słaba do średniej. Słaba światłotrwałość wynika z chromoforowej zmiany w strukturze barwnika po absorpcji światła. Grupy chromoforowe nie są zbyt silne, aby rozproszyć energię zaabsorbowaną przez rezonans. Cook [60] przedstawił obszerny przegląd dotyczący poprawy odporności na światło barwionych włókien tekstylnych. Badał on zastosowanie taniny po obróbce barwników zaprawowych stosowanych w barwieniu bawełny w celu poprawy odporności na światło i pranie, a jego wyniki były przydatne w poprawie odporności tkanin barwionych naturalnie. Barwniki naturalne mają słabą stabilność świetlną w porównaniu z barwnikami syntetycznymi. Padfield i Landi [61] obserwowali światłotrwałość wełny barwionej dziewięcioma naturalnymi barwnikami, takimi jak: a. Barwniki żółte (stara fustica i perskie jagody), ocena światłotrwałości 1-2 b. Czerwienie (koszenila z zaprawą cynową, alizaryna z zaprawą ałunową, laka z zaprawą cynową), ocena 3-4 c. Błękit (indygo w zależności od zaprawy), ocena 4-5 i 5-6 d. Czerń (drewno baliowe), ocena 4-5 Zaprawy mają duży wpływ na światłotrwałość barwników naturalnych. Barwniki kurkumowe, fustikowe i nagietkowe blakną bardziej niż jakiekolwiek inne żółte barwniki; jednakże zastosowanie zapraw cyny i ałunu powoduje większe blaknięcie niż chromu, żelaza i miedzi. Wskazuje to na zależność właściwości trwałości barwników naturalnych od rodzaju zapraw. Samanta i wsp. [62] stwierdzili poprawę światłotrwałości barwników naturalnych naniesionych na tkaninę jutową za pomocą 1% benzotriazolu. Największe wyzwanie w barwieniu naturalnym związane jest z odpornością na światło. Wybór odpowiedniej zaprawy poprawia odporność na światło, z wyjątkiem niektórych soli żelaza, które prowadzą do zmiany koloru.

Środki pomocnicze do tekstyliów poprawiają również właściwości szybkościowe. Aby poprawić stabilność świetlną barwników naturalnych, Lee [63] zaleca stosowanie absorbera UV na włóknach białkowych. Oda [18] sugeruje zastosowanie tłumików tlenu singletowego w celu poprawy odporności na światło. Mussak [64] omówił indukowany światłem proces fotodegradacji barwników naturalnych. Podjęto szereg prób poprawy światłotrwałości różnych tkanin barwionych barwnikami naturalnymi, z których niektóre to [65-67]: a. Wpływ różnych dodatków na fotoblaknięcie kartaminy w folii z octanu celulozy. b. Krytyczna analiza procesu blaknięcia barwników naturalnych w celu odtworzenia oryginalnej barwy tkaniny po blaknięciu. c. Szybkość efektu fotoblaknięcia jest skutecznie tłumiona w obecności hydroksylo-arylosulfonianu niklu. Dodatek absorberów UV w kąpieli ma niewielki wpływ na zmniejszenie efektu fotoblaknięcia.

5.2 Odporność na pranie

Odporność na pranie barwników naturalnych jest słaba do średniej. Wiązanie barwnika z włóknem jest bardzo słabe, co powoduje, że barwniki słabo reagują na roztwory detergentów. Duff i wsp. [29] badali wpływ alkaliczności roztworu piorącego w praniu tkanin barwionych barwnikami naturalnymi. Zasadowe pH roztworu detergentu zmienia wartość barwy pod względem odcienia i wartości. Drewno bali i indygo mają dobrą trwałość w porównaniu z innymi. Zabieg zaprawiania poprawia odporność barwników na pranie. Samanta et al. [68] donoszą o pewnej poprawie odporności na pranie poprzez zastosowanie środka utrwalającego.

5.3 Odporność na ścieranie

Odporność na ścieranie większości barwników naturalnych jest od umiarkowanej do dobrej. Samanta et al. [8, 58] donoszą, że drewno jackfruita, manjistha, czerwone drewno sandałowe, babool i nagietek mają dobrą odporność na ścieranie na tkaninie jutowej i

bawełnianej. 8. Zalety barwników naturalnych 8.1
Tkaniny chroniące przed promieniowaniem UV
Tkaniny chroniące przed promieniowaniem UV są
potrzebne, aby chronić skórę i ciało człowieka przed
oparzeniami słonecznymi, garbnikami,
przedwczesnymi oparzeniami skóry i starzeniem się
skóry. Naukowcy prowadzili prace nad wytworzeniem
tkanin o działaniu chroniącym przed promieniowaniem
słonecznym poprzez zastosowanie naturalnych
barwników w barwieniu. Sarkar [69] ocenił wartość
współczynnika ochrony przed promieniowaniem
ultrafioletowym (UPF) tkaniny bawełnianej barwionej
madderem, indygo i koszenilą w odniesieniu do
parametrów tkaniny. Grifani [70, 71] badał wpływ
barwników naturalnych na bawełnę, len, konopie i
ramię i uzyskał dobre wyniki. Mordanty metaliczne
[72] mają potencjał do poprawy wartości UPF wełny,
jedwabiu i bawełny. Naturalny barwnik z ekstraktu ze
skórki pomarańczy zastosowany na wełnę znacznie
zwiększył wartość UPF barwionej tkaniny wełnianej.

5.4 Odporność na owady

Materiały celulozowe i wełna są podatne na ataki moli
i grzybów w wilgotnych i ciepłych warunkach. Koto i
wsp. [73] badali wpływ barwników naturalnych na
wełnę. Naturalne barwniki na bazie antrachinonu:
koszenila, indygo i madera są w stanie wytworzyć
tkaniny odporne i odstraszające owady, gdy są
stosowane jako barwniki w barwieniu wełny.

6. Podsumowanie i wnioski

- Barwniki naturalne ze względu na swój unikalny charakter pochodzenia naturalnego są znane jako barwniki przyjazne dla środowiska; jednakże wiązanie cząsteczek barwnika z miejscami aktywnymi włókna jest bardzo słabe i wymagają one pewnych chemikaliów pomostowych, aby zakotwiczyć cząsteczki barwnika z włóknem, a środki zaprawiające są pomocne w mostkowaniu cząsteczek barwnika z włóknem. Syntetyczne środki zaprawiające nie są zbyt przyjazne dla środowiska, a niektóre z nich są toksyczne, co obniża skuteczność barwników naturalnych i czasami staje się przedmiotem dyskusji. - Barwniki naturalne nie mają kart odcieni, które można by dopasować do próbek lub odtworzyć ich odcień. Tak więc istnieje potrzeba zbierania danych spektralnych naturalnych barwników tak, że każdy odcień może być odtworzony.

Istnieje potrzeba świadomości o naturalnych barwników barwione tkaniny w ludzi tak, że może to być popularne w duży sposób. i ze względu na to popyt i konsumpcja naturalnych barwionych tkanin wzrośnie. - Naturalne barwniki są kosztowne w porównaniu do barwników syntetycznych. Więc niektóre prace badawcze powinny być wykonane w celu zmniejszenia kosztów produkcji. - Duże domy produkcyjne, instytucje techniczne i domy badawcze powinny organizować warsztaty i sympozja, aby rozpowszechniać zalety naturalnych barwników. -

Rząd powinien promować produkcję barwników naturalnych poprzez udzielanie zachęt finansowych małym producentom barwników naturalnych. - Należy prowadzić bardzo intensywne prace badawczo-rozwojowe w celu poprawy jakości barwników naturalnych pod względem niskich kosztów, stosowania naturalnej zaprawy i szerokiego zastosowania.

Referencje
1] Hill DJ. Czy istnieje przyszłość dla barwników naturalnych? Review of Progress in Coloration and Related Topics. 1997;27:18

2] Dedhia EM. Barwniki naturalne. Colourage. 1998;45(3):45 [3] Chavan RB. Chemical Processing of

Handloom Yarns and Fabric. Delhi: Department of Textile Technology, IIT; 1999. str. 6

4] Ghosh P, Samanta AK, Das D. Effect of selective pretreatments and different resin post-treatments on jute-viscose upholstery fabric. Indian Journal of Fibre and Textile Research. 1994;19:298

5] Gulrajani ML, Deepti G. Natural Dyes and their Application to Textiles. Delhi: Department of Textile Technology, IIT; 1999. s. 23.

6] Senthil P, Umasankar P, Sujatha B. Ultrasonic dyeing of cotton fabric using with neem leaves. Indian Textile Journal. 2002;112(6):14

7] Saxena S, Iyer V, Shaikh AI, Shenai VA. Barwienie bawełny barwnikiem lakowym. Colourage. 1997;44:23

8] Samanta AK, Preeti A, Siddhartha D. Barwienie tkanin jutowych i bawełnianych przy użyciu ekstraktu z drewna Jackfruit: Część I - Wpływ zaprawy i zmiennych procesu barwienia na wydajność i trwałość koloru. Indian Journal of Fibre and Textile Research. 2007;32:466

9] Mathur P, Metha A, Kanwar R, Bhandari CS. Use of neem bark as wool colourant-Optimum conditions of wool dyeing. Indian Journal of Fibre and Textile Research. 2003;28:95

10] Gulrajani ML, Gupta DB, Agarwal V, Jain V, Jain M. Some studies on natural yellow dyes. Indian Textile Journal. 1992;102(4):50

11] Mahale G, Sakshi, Sunanda RK. Silk dyed with Acalypha (Acalypha wilkesiana) and its fastness. Indian Journal of Fibre and Textile Research. 2003;28:86

12] Katti MR, Kaur R, Shrihari N. Barwienie jedwabiu mieszaniną barwników naturalnych. Colourage. 1996;43(12):37

13] Lokhande HT, Vishnu A, Dorngade, Nayak SR. Zastosowanie barwników naturalnych na poliestrach. American Dyestuff Reporter. 1998;40

14] Rathi DR, Padhye RN. Badania nad zastosowaniem barwników naturalnych na poliestrach. Colourage. 1994;41(12):25

[15] Paul R, Jayesh M, Naik SR. Naturalne barwniki: Klasyfikacja, ekstrakcja i właściwości fastness. Textile Dyer & Printer. 1996;29(22):16

[16] Teli MD, Paul R, Pardesi PD. Barwniki naturalne, klasyfikacja, chemia i metody ekstrakcji. Colourage. 2000;60:43

[17] Krizova H. Barwniki naturalne. In: Krysztof M, Wik W, editors. Rozdział 18: Barwienie tekstyliów - teoria i zastosowania. 1st ed. TUL: Vysokoškolskýpodnik Liberec s.r.o., Studentská 2. Liberec. pp. 317-334

18] Oda H. Poprawa światłotrwałości barwników naturalnych. Część 2: Wpływ funkcjonalnych estrów fenylowych na fotoblaknięcie karthaminy w podłożu polimerowym. Coloration Technology. 2001;117(5):257

19] Badan BM, Burkinshans SM. Barwienie wełny i nylonu 6.6 henną i lawsone. Dyes and Pigments. 1993;221:15

[20] Kawamura T, Hisata Y, Okuda K, Noro Y, Takeda, Tanka T. Ocena jakości barwnika roślinnego henny R

z glikozydami. Medycyna Naturalna. 2000;54(2):86

21] Agarwal A, Grag A, Gupta KC. Development of suitable dyeing process for dyeing of wool with natural dye henna (Lawsonia inerma). Colourage. 1992;39(10):43 [22] Gupta DB, Gulrajani ML. Kinetic and thermodynamic studies on 2-hydroxy-1,4-naphthoquinone (lawsone). JSDC. 1994;110:112

23] Singh K, Karr V, Mehra S, Mahajan A. Solvent-assisted dyeing of polyester with henna. Colourage. 2006;53(10):60

[24] Bechtold T, Turcann E, Ganglberger, Geisslers. Barwniki naturalne w nowoczesnej farbiarni włókienniczej. Journal of Cleaner Production. 2003;11:499

[25] Rita M, Bechtold T. Naturalne barwniki w farbiarstwie. In: Thomas B, Mussak R, editors. Handbook of Natural Colourants. United Kingdom: John Wiley and Sons Ltd.; 2009. s. 316.

26] Bechtold T. Naturalne barwniki. In: Thomas B, Mussak R, editors. Handbook of Natural Colourants. United Kingdom: John Wiley and Sons Ltd.; 2009. s. 154.

27] Cardon D. Natural Dyes, Tradition, Technology and Science. London: Archetype Publications; 2007

28] Casselman KD. Lichen Dyes and Dyeing: The New Source Book. Mineola, New York: Dover Publications; 2001

29] Grierson S, Duff DG, Sinclair RS. Natural dyes of the Scottish high lands. Textile History. 1985;16:23

30] Gill M, Steglich W. W: Herz W, Grisebach H, Kirby GW, Ch T, editors. Progress in the Chemistry of Organic Natural Products. Vol. 51. 1987. p. 125

31] Raisanen R. Barwniki z porostów i grzybów. In: Bechtold T, Mussak R, editors. Handbook of Natural Colourants. United Kingdom: John Wiley and Sons Ltd.; 2009. s. 2003.

32] Porter CJ. Tannins. In: Harborne JB, editor. Methods in Plant Biochemistry. Vol. 1, 389. London: Academic Press; 1989

[33] Seigler DS. Metabolizm wtórny roślin. Bostan: Kluwer Academic Publications;

[34] Waterman PG, Mole S. Analysis of Phenolic Plant Metabolites. Oxford: Blackwell Scientific Publications; 1994

35] Ayres MP, Class JP Jr, Macclean SF, Redman AM, Reichart PB. Diversity of structure and antiherbivore activity in condensed tannins. Ecology. 1989;78:1696

36] Julkunen R, Tiitto, Haggman H. Garbniki i środki garbujące. In: Bechtold T, Mussak R, editors. Handbook of Natural Colourants. United Kingdom: John Wiley and Sons Ltd.; 2009. s. 2003.

37] Agarwal A, Paul S, Gupta KK. Effects of mordants on natural dyes. Indian Textile Journal. 1993;1:110

38] Erica J, Jiedemann, Yang Y. Fiber-safe extraction of red mordant dyes from hair fibers. Journal of the American Institute for Conservation. 1995;34(3):195

39] Mathur JP, Bhandari CS. Zastosowanie cukru buraczanego jako barwnika do wełny. Indian Journal of Fibre and Textile Research. 2001;26:313

40] Gulrajani ML, Gupta D, Maulik SR. Bio polishing of tasar silk. Indian Journal of Fibre and Textile Research. 1994;24:294

[41] Gulrajani ML, Bhaumiks S, Oppermann W, Handman G. Dyeing 31 Fundamentals of Natural Dyes and Its Application on Textile Substrates DOI: http://dx.doi.org/10.5772/intechopen.89964 of red sandal wood on wool and nylon. Indian Journal of Fibre and Textile Research. 2003;28:221

42] Sankar R, Vankar PS. Barwienie wełny kwiatem Gomphrena globosa. Colourage. 2005;52(4):35

43] Bhuyan R, Sai Kai CN, Das KK. Extraction and identification of color components from the barks of Mimusops elengi and Terminalia arjuna and evaluation of their dyeing characteristics on wool. Indian Journal of Fibre and Textile Research. 2004;29(12):470

44] Samanta AK, Priti A. Zastosowanie barwników naturalnych na wyrobach włókienniczych. Indian Journal of Fibre and Textile Research. 2009;34:384

45] Kharbade BV, Agarwal OP. Identyfikacja naturalnych czerwonych barwników w starych indyjskich tekstyliach. Journal of Chromatography. 1985;347:447

46] Zvic K. Analiza HPLC naturalnych barwników skalnicy, madery i indygoidu. JSDC. 1994;110(9):273

47] Guinot P, Roge A, Aradennec A, Garcia M, Dupont D, Lecoeur E, et al. Dyeing plants screening: Podejście łączące dawne dziedzictwo i obecny rozwój. Coloration Technology. 2006;122:93

48] Balankina GG, Vasiliev VG, Karpova EV. HPLC and molecular spectroscopic investigations of the red dye obtained from an ancient Pazyryk textile. Dyes and Pigments. 2006;71:54

49] Mc Goven PE, Lazar J, Michel RH. The analysis of indigoid dyes by mass spectrometry. JSDC. 1990;106(1):22

50] Szostek S, Grwrys JO, Surowiec I, Trojanowicz M. Investigation of natural dyes occurring in historical coptic textiles by high performance liquid chromatography with UV-Vis and mass spectrometric detection. Journal of Chromatography. 2003;A1012:179

51] Cristea D, Bareau I, Vailarem G. Identyfikacja i ilościowa analiza HPLC głównych flawonoidów występujących w napawaniu (Reseda luteola L.). Dyes and Pigments. 2003;57:267

52] Son A-Y, Heng PJ, Kim KT. Dyes and Pigments. 2007;61(3):63

53] Patel KJ, Patel BH, Naik JA, Bhavana AM. Eco-friendly dyeing with Tulsi leave extract. Man Made Textiles. 2002;45(11)

54] Bhattacharya SD, Shah AK. Metal ion effect on dyeing of wool fabric with catechu. SDC. 2000;116(1):10

55] Maulik SR, Bhowmik KI. Studies on application of some vegetable dyes on cellulosic and lignocellulosic fibre. ManMade Textiles in India. 2006;49(4):142

56] Siddiqui I, Gous MD, Khaleq MD. Indian Silk. 2006;145(4):17

57] Samanta AK, Priti A. Zastosowanie barwników naturalnych na wyrobach włókienniczych. International Dyer. 2008;193(3):37

58] Samanta AK, Priti A, Siddthartha D. Studies on color interaction parameters and color fastness properties for dyeing of cotton fabrics with binary mixtures of jackfruit wood and other natural dyes. Journal of Natural Fibers. 2009;6:171

59] Mohanty BC, Chandramouli KV, Nail HD. Studies in Contemporary Textiles Crafts of Indian Natural Dyeing Process of India. Calico Museum of Textiles, Ahmedabad: H.N. Patel Publication'; 1987, I i II.

60] Cook CC. Aftertreatments for improving the fastness of dyes on textile fibres. Review of Progress in Coloration and Related Topics. 1982;12:78

61] Pad Field P, Landi S. Natural dyes of the Scottish highlands. Studies in Conservation. 1966;11:161

62] Samanta AK, Konar A, Chakarborty S, Datta S. Barwienie tkanin jutowych ekstraktem tesu: Część 1 - Wpływ różnych mordantów i zmiennych procesu barwienia. Indian Journal of Fibre and Textile Research. 2011;36(3):63

63] Lee JJ, Lee HH, Eom SI, Kim JP. UV absorber aftertreatment to improve light fastness of natural dyes on protein fibres. Coloration Technology. 2001;117:134

[64] Mussak R, Bechtold T. Renewable resources for textile dyeing-technology, quality, and environmental aspects. In: Proceedings of the IFATCC International Congress. Barcelona; 2008

65] Samanta AK, Konar A, Chakarborty S, Datta S. Effect of different mordants, extraction conditions and dyeing process variables on colour interaction parameters and colour fastness properties in dyeing of jute fabric with Manjistha, a natural dye. Journal of the Institute of Engineering. 2010;91:7

[66] Micheal MN, NAEl Z. Colourage. 2005; Annual 83

67] Hofenk JH, Graff D. Konserwacja tkanin kościelnych i malowanych chorągwi. In: 4th Int Restorer Seminar. Vol. 2. Hungary; 1983. p. 219.

68] Samanta AK, Priti A, Siddhartha D. Application of single and mixtures of red sandalwood and other natural dyes for dyeing of jute fabric: studies on colour parameters/colour fastness and compatibility. Journal of the Textile Institute. 2009;100(7):565

69] Sarkar AK. An evaluation of UV protection imparted by cotton fabrics dyed with natural colorants. BMC Dermatology. 2004;4(1):15

[70] Grifani D, Bacci L, Zipoli G, Carreral G, Baronti S, Sabatini F. Laboratory and outdoor assessment of UV protection offered by Flex and Hemp fabrics dyed with natural dyes. Photochemistry and Photobiology. 2002;85:313

71] Grifani D, Bacci L, Zipoli G, Sabatini F, Albanete I. The role of natural dyes in the UV. Ochrona tkanin wykonanych z włókien roślinnych. Dyes and Pigments. 2011;91(3):279

72] Gulrajani ML, Gupta D. Emerging techniques for functional finishing of textiles. Indian Journal of Fibre and Textile Research. 2011;36:388

73] Koto H, Hata T, Tsukada M. Potentialities of natural dyestuff as antifeedants against varied carpet beetle, Anthrenus verbasci. Japan Agricultural Research Quarterly. 2004;38(4):241

Printed by Books on Demand GmbH, Norderstedt / Germany